Einfach leben

DER PRAXIS-COACH

W0361994

Dieses Buch gehört: ______________________

Kontakt für Finder dieses Buches: ______________________

____

Belohnung: ______________________

„Maximaler Minimalismus"
BETTINA HOMANN, DER TAGESSPIEGEL

„Das beste Buch über Minimalismus
momentan auf dem Markt."
ANNA HASLER, THALIA-BUCHHANDLUNG KASSEL

„Hat mein Leben verändert!"
AMANDA AMANDA BEI AMAZON

„Für Minimalisten und die,
die es werden wollen."
VIVIEN95 BEI LOVELYBOOKS

„Berlinerin schreibt
Minimalismus-Bibel"
ALINA GRÖNING, BILD

Einfach leben

DER PRAXIS-COACH

Übungen und Aufgaben für Minimalismus & Achtsamkeit / Pläne und Listen zum Ausfüllen / Minimalismus- und Dankbarkeitstagebuch / Inspiration, Tipps und Anregungen

LINA JACHMANN

KNESEBECK

Everything you want,
is on the other side of fear.

JACK CANFIELD, US-AMERIKANISCHER AUTOR

INHALT

PRAXIS-COACH

INHALT

PRAXIS-COACH

INHALT

*Die wichtigsten Dinge im Leben
sind keine Dinge.*

VORWORT

MEHR ZEIT, MEHR GLÜCK, MEHR GELD, MEHR FREIHEIT – MIT MINIMALISMUS

EINFACH LEBEN

Minimalismus ist in aller Munde. Aber worum geht es bei einem minimalistischen Lebensstil eigentlich genau? Manche denken, dass Minimalismus nur ein anderes Wort für gründliches Ausmisten oder konsequentes Entrümpeln ist. Andere denken, dass es sich um eine Art Wettbewerb handelt, bei dem die Gewinner nur noch 100 Dinge besitzen. Doch beim Minimalismus geht es um so viel mehr als darum, ein paar verstaubte Gegenstände zu entsorgen. Es geht darum loszulassen, Prioritäten im Leben zu setzen und wieder zu sich selbst zu finden.

Der Minimalismus-Prozess ist vergleichbar mit der Arbeit eines Archäologen. Der Archäologe nähert sich dem freizulegenden Objekt vorerst mit schwerem Geschütz. Mithilfe eines Baggers, einer Schaufel und Hacke trägt er die groben Schichten ab. Je weiter er sich dem Kern nähert, desto behutsamer geht er vor. Mit einem feinen Pinsel entfernt er Schicht um Schicht von jahrealtem Staub, bis er schließlich den wertvollen Kern freilegen kann.

Als Minimalist bist du der Archäologe deines Lebens. Durch den Prozess des Ausmistens und Loslassens befreist du dich – Schicht für Schicht – von den Altlasten deiner Existenz. Dabei beginnst du auch mit dem Groben und entrümpelst dein Leben von außen nach innen.

EINFACH MACHEN

Der „Einfach leben"-Praxis-Coach ist das perfekte Buch für alle, die ihre Ärmel hochkrempeln und loslegen wollen. Für Neugierige, die Lust haben, sich auf die Reise zum achtsamen Minimalismus zu begeben, und für Minimalisten, die noch nicht an ihrem persönlichen Endziel angekommen sind. Das macht aber auch gar nichts, denn beim Minimalismus ist es wie mit jeder schönen Reise: Der Weg ist schon Teil des Ziels.

Dieser Praxis-Coach ist dein ganz persönliches Arbeitsbuch und dein Begleiter, der dich Schritt für Schritt durch den Minimalismus-Prozess navigiert. Das Buch ist dafür gemacht, um es aktiv zu benutzen und dich ein Jahr lang mit den Themen Minimalismus, Achtsamkeit und Dankbarkeit – und am Ende mit dir selbst – zu beschäftigen. Der Praxis-Coach ist randvoll mit Übungen, Aufgaben, Checklisten und Tipps, die dir dabei helfen zu entrümpeln, loszulassen und Klarheit zu bekommen. Der „Einfach leben"-Praxis-Coach hilft dir, Abschied zu nehmen von den Dingen, die dein Leben nicht bereichern, und lädt dich ein, Platz für Neues zu schaffen. Denn mit weniger überflüssigen Dingen, Konsum und Gewohnheiten bleiben plötzlich mehr Zeit, Geld, Freiheit und Glück.

Nichts ist wertvoller als deine Zeit, deshalb ist dieses Buch ein Geschenk an dich selbst.

Ich wünsche dir viel Vergnügen auf deiner Reise zum achtsamen Minimalismus.

Herzlich
Lina Jachmann

*Viele würden gern ein einfacheres Leben führen, wenn der Weg dahin nicht so kompliziert wäre.**

JUSTUS JONAS DER ÄLTERE, DEUTSCHER JURIST, HUMANIST UND THEOLOGE, 1493–1555

(*Keine Panik, mit diesem Buch ist es ganz einfach.)

TEIL 1 – WENIGER

WARUM?

GEBRAUCHSANLEITUNG

In dem Wort Gebrauchsanleitung ist der wichtigste Hinweis für dieses Buch schon enthalten: Du darfst es gebrauchen, benutzen und aktiv damit arbeiten. Der Praxis-Coach begleitet dich – Schritt für Schritt – auf deiner Reise zum achtsamen Minimalismus. Es hilft dir dabei, die beste Version von dir selbst zu leben.

FINDE DEIN „WARUM“

Du hast dieses Buch gefunden (oder hat es dich gefunden?) und bist bereit, den Minimalismus-Prozess zu durchlaufen. Du kannst es kaum erwarten, dich von überflüssigen Dingen zu befreien und in ein neues, leichtes und einfaches Leben zu starten. Im ersten Kapitel „Weniger“ geht es darum herauszufinden, wo du aktuell stehst und wovon es gerne weniger in deinem Leben geben darf.

Bevor wir auf den kommenden Seiten Schritt für Schritt loslegen und deinen ganzen Besitz sowie mögliche Altlasten unter die Lupe nehmen und viel davon entsorgen, möchte ich dich einladen, einmal kurz innezuhalten und eine Bestandsaufnahme von deinem aktuellen Leben zu machen. Wie ist der Status quo, wie viel besitzt du und wo belastet es dich? Was ist dein Antrieb für den achtsamen minimalistischen Lebensstil?

Wünsche und Ziele: Was wünschst du dir von der Arbeit mit diesem Buch? Was soll sich durch den Minimalismus-Prozess in deinem Leben ändern? Wie sieht deine Traumvorstellung von „Einfach leben“ aus? Du kannst die zutreffenden Stichpunkte unterstreichen oder markieren und gerne eigene Gedanken ergänzen:

Perfekte Ordnung mit System
ökologischen Fußabdruck reduzieren
weniger putzen
mehr Geld
Klarheit
ein schönes Zuhause
Platz
weniger Staub
mehr Zeit für die wichtigen Dinge
nachhaltiger Leben
mehr Freiheit
finales Entrümpeln
nie wieder etwas suchen müssen
Ankommen
zur Ruhe kommen
Raum auf allen Ebenen
Entspannung
ins Tiny House umziehen
Selbstreflexion
weniger Müll
eine Vision finden

WENIGER

BEWUSST REDUZIEREN

Achtsamer Minimalismus ist nicht nur das richtige Werkzeug, um dich von überflüssigen Dingen zu befreien, sondern um dein ganzes Leben geordneter und einfacher werden zu lassen. Genau wie du deine Schränke entrümpeln kannst, hilft dir die Lebensweise auch dabei, dich von schlechten Gewohnheiten und Gefühlen zu befreien. Nimm dir ein paar Minuten Zeit und reflektiere einmal – wie sieht es gerade bei dir aus? Was würdest du gerne in deinem Leben reduzieren?

Wovon möchtest du weniger in deinem Leben haben?
Unterstreiche, was auf dich zutrifft, und ergänze gerne eigene Punkte:

Staub · Stress · Überflüssiges · Streit · Frust · Fehlkäufe ·
Fastfood · Fake News · Unordnung · Schlüssel suchen · Make-up ·
Schuldgefühle · lange Nächte im Büro · Seriensucht ·
Angst · Übergewicht · Pessimisten · Tinder · Chaos · falsche Freunde ·
Tränen · Excel-Listen · Mangel · zu enge Jeans · Plastik ·
Perfektionismus · Zeugs · Nippes · Müll

Ich möchte weniger:

DER REALITÄTS-CHECK

DEIN AKTUELLER BESITZ

Der durchschnittliche Europäer besitzt 10.000 Dinge, nur 500 davon befinden sich im alltäglichen Gebrauch. Weißt du eigentlich, wie viele Dinge du genau besitzt? Mach den Test und zähle einmal durch – für mehr Klarheit und als Vorbereitung für deine Reise zum Minimalismus. Deinen Besitz zählst du nach folgenden Regeln: Dinge, die zum Inventar der Wohnung gehören (Backofen, Waschbecken etc.), werden nicht gezählt. Verbrauchsgegenstände wie Lebensmittel werden ebenfalls nicht gezählt. Objekte, die man im Bund kauft, gelten als eine Sache (zum Beispiel Büroklammern, Gummibänder etc.). Dinge, die nur in Kombination einen Sinn ergeben, zählen als ein Objekt. Dazu gehören zum Beispiel Geschirrsets, Computer mit Maus und Tastatur, das Bett mit Matratze und Lattenrost oder der Inhalt des Werkzeugkoffers.

Trage hier die gezählte, geschätzte oder gefühlte Zahl deiner Besitztümer ein:

DEINE WOHLFÜHLZAHL

Minimalismus ist kein Wettkampf, bei dem der gewinnt, der die wenigsten Sachen besitzt. Vielmehr geht es darum herauszufinden, welche Anzahl an Dingen für dich genau richtig ist. Bei jedem ist diese Zahl unterschiedlich. Wenn man seinen Besitz aber erst einmal auf die persönliche Idealbesitzmenge reduziert hat, spürt man es sofort. Das Gefühl, zu viel zu haben, sowie der Wunsch zu reduzieren verschwinden. Die verbleibenden Dinge sind bewusst ausgewählt und werden benutzt und wertgeschätzt.

Trage hier deine Wunschzahl an Dingen ein, die du besitzen möchtest. Die Zahl, mit der du dich richtig wohlfühlst:

WENIGER

KLARHEIT

BESITZT DU DIE DINGE ODER BESITZEN DIE DINGE DICH?

Du hast dir nun Klarheit über den aktuellen Stand deiner Besitztümer verschafft und alle Dinge einmal gezählt oder geschätzt. Wahrscheinlich weicht die Zahl deines aktuellen Besitzes von deiner Wunschzahl ab. Mit der Tabelle kannst du dir einen guten Überblick verschaffen, in welchen Bereichen du das größte Potenzial oder den größten Bedarf siehst, dich von überflüssigen Dingen zu befreien.

Kreuze an, wie du deinen aktuellen Besitz in den einzelnen Bereichen gerade wahrnimmst:

	zu wenig	wenig	genau richtig	zu viel	viel zu viel	Messie
Kleidung						
Sportsachen						
Taschen						
Beauty-Produkte						
Schuhe						
Accessoires						
Magazine						
Notizbücher						
CDs/DVDs						
Rechnungen/Dokumente						
Elektronik						
Bettwäsche/Handtücher						
Bücher						
Arbeitsmaterialien						
Möbel						
Reinigungsmittel						
Krimskrams						
Hobby-Materialien						
Dekoration						
Lebensmittel						
Apps						
Mails						
Bilder						
Daten						
Abos/Verträge						
Sentimentale Dinge						

WENIGER

TRAUMREISE

Stell dir vor, dass du es schon geschafft hast. Du hast dieses Buch gelesen und jede Seite bearbeitet. Du hast den Minimalismus-Prozess erfolgreich durchlaufen und umgibst dich nur noch mit Dingen, die du liebst und die dein Leben absolut bereichern. Du hast deine Wohlfühlzahl an Dingen erreicht und alles Überflüssige in deinem Leben entsorgt. Wie fühlst du dich jetzt?

Diese Visualisierung deines einfachen, minimalistischen Lebens hilft dir, dich auf dem Weg nicht zu verzetteln, sondern mit einem klaren Ziel vor Augen motiviert loszulegen.

Beschreibe ganz genau, wie dein Leben jetzt aussieht. Nach welchen Werten lebst und handelst du? Wie wohnst du? Wovon bist du umgeben? Womit verbringst du deine Zeit? Notiere dir hier, wie ein perfekter Tag in deinem Traumleben aussieht.

WENIGER

ZIELCOLLAGE

Auf der linken Seite hast du für dich festgehalten und manifestiert, wie dein minimalistisches Leben genau aussehen soll. Auf dieser Seite kannst du die Essenz und Stimmung dessen nun ganz plastisch visualisieren. Mit dem Ziel, ein Bild zu erschaffen, das deine Vision vom einfachen Leben auf den Punkt bringt. Male dir deine Zukunft in schillernden Farben aus.

Benutze dafür verschiedene bunte Stifte und Farben oder reiße Bilder aus Magazinen aus und füge die Schnipsel zu einer Collage zusammen. Das wichtigste Werkzeug bei dieser Übung ist deine Fantasie.

WENIGER

MINIMALISMUS-MANTRAS

Der Minimalismus-Prozess kann anstrengend und aufwühlend sein. Manchmal kommt es währenddessen sogar zu einer Erstverschlimmerung. Möglicherweise entsteht vorübergehend ein ziemliches Chaos, wenn du alle großen und kleinen Besitztümer aus den Schränken und Schubladen holst, um sie zu betrachten. Mantras können dir dabei helfen, wieder mehr Ruhe und Gelassenheit in deinen Alltag zu integrieren. Du kannst sie – in fast allen Situationen – über den Tag verteilt, still wiederholen und dich damit beruhigen beziehungsweise deinen Fokus finden.

Mit diesen vier Mantras gelingt es dir jederzeit, kleine Ruheoasen zu schaffen – ganz egal, wie chaotisch es um dich herum gerade noch aussehen mag.

1 **ICH BIN GENUG**
Du, so wie du bist, bist genug. Unglaublich genug.

2 **LASS LOS**
Dieses einfache Mantra kannst du überall praktizieren. Beim Einatmen sagst du still zu dir „Lass“ und beim Ausatmen „los“.

3 **FRIEDEN BEGINNT IN MIR**
Bei diesem Mantra führst du bei jedem Wort nacheinander die Spitzen einzelner Finger und deiner Daumen zusammen. Du beginnst mit der Berührung der kleinen Finger und den Daumen zu dem Wort „Frieden“, danach folgen die Ringfinger und die Daumen zu dem Wort „beginnt“, gefolgt von den Mittelfingern und den Daumen zu „in“, schließlich endest du mit der Berührung der Zeigefinger und Daumen zu dem Wort „mir“.

4 **LOKAH SAMASTAH SUKHINO BHAVANTU**
Auf Sanskrit: Mögen alle Lebewesen überall glücklich und frei sein. Mögen meine Taten, Gedanken und Worte in einer Form zum Glück und zur Freiheit aller beitragen. Dieser Vers ist Teil eines Glücksmantras und hilft dabei, Liebe und Mitgefühl zu kultivieren.

Welche Sätze helfen dir durch den Tag? Was bringt dich runter, wenn es um dich herum chaotisch ist? Notiere dir hier deine persönlichen Lieblingsmantras:

WENIGER

BELOHNUNG

Manche Menschen funktionieren besonders gut mit einer Karotte vor der Nase beziehungsweise einem schönen Stückchen Kuchen in Aussicht. Pick dir die für dich passenden Inspirationen und Belohnungen aus der Liste und ergänze alle kleinen und großen Dinge, die dir sonst noch guttun. Immer wenn du das Gefühl hast, dass du einen Motivationsschub gebrauchen kannst, suchst du dir etwas aus und machst dir selbst damit eine Freude.

in den Wald gehen
etwas „Neues“ aus dem Second-Hand-Laden
Badewanne
Meditation
tanzen
Tee trinken
schlafen
Fingernägel lackieren
Sauna
Sport
Kino
Pizza
Katze streicheln
Flohmarkt-Bummel
Kuchen
Date-Night
lachen
lesen
Spazierengehen
Massage
Mama anrufen
anderen helfen
malen
nichts tun
musizieren
Kunst anschauen

Notizen

Ideen

Das letzte Hemd hat keine Taschen.

VOLKSMUND

TEIL 2 – DIE PRAXIS

VIER SCHRITTE ZUM MINIMALISTISCHEN LEBENSSTIL

ÜBUNG MACHT DEN MINIMALISTEN

Die folgenden Seiten sind randvoll mit Aufgaben, Übungen und Inspiration – du kannst natürlich selbst entscheiden, in welchem Tempo du dich den Themen widmest. Wenn du mit einigen Punkten schneller durch bist, kannst du sofort zum nächsten Bereich weiterspringen. Du muss auch nicht chronologisch vorgehen, sondern kannst dich mit den Themen in der Reihenfolge beschäftigen, die für dich am meisten Sinn macht. Wenn du etwas geschafft hast, kannst du es abhaken.

WIE WIRD'S GEMACHT?

Ganz einfach. Du gehst systematisch vor, nach der Salamitaktik, immer Scheibe für Scheibe, dann droht auch keine Überforderung oder Frust. Auf den folgenden Seiten wirst du Schritt für Schritt durch dein Zuhause und deinen ganzen Besitz auf allen Ebenen navigiert.
Mit jeder Kategorie gehst du gleichermaßen um:

1 ÜBERBLICK VERSCHAFFEN

Trage alle Dinge aus deinem Haushalt zusammen, die zu dem jeweiligen Thema oder der Rubrik gehören. Auch wenn die Dinge an verschiedenen Orten liegen. Wenn die Aufgabe zum Beispiel Kleidung ist, dann hole auch die Jacken von der Garderobe, die Tüte aus dem Keller und die Sporttasche aus dem Auto dazu. Breite die Dinge – wenn möglich auf einem Stapel oder Haufen – vor dir aus. Diesen Moment nenne ich gerne die „Stunde der Wahrheit". Die Konfrontation mit dem eigenen Besitz und den oft überraschenden Mengen hilft, Entschlossenheit aufzubauen.

2 FRAGE STELLEN

Nimm jeden Gegenstand in deine Hände und stelle dir die folgende Frage:
Bereichert es mein Leben?
Spüre kurz in dich hinein, was für ein Gefühl du mit dem Gegenstand verbindest. Das klingt vielleicht erst einmal seltsam. Besonders, wenn es sich um scheinbar emotionslose Dinge handelt, wie zum Beispiel Küchengeräte oder Bettwäsche. Probiere es einfach einmal aus. Mit ein wenig Übung wirst du ganz schnell spüren, ob der Gegenstand dich wirklich glücklich macht und einen Platz in deinem Leben verdient.

3 FESTER PLATZ

Wenn du dich entschieden hast, ob eine Sache dein Leben bereichert, kannst du handeln. Jeder Gegenstand, der bleiben darf, zieht sofort an seinen neuen Platz. Nachdem du etwas benutzt hast, legst du es immer wieder dorthin zurück. Du kannst dir einfach vorstellen, dass die Dinge dort wohnen und sich nach einem langen Arbeitstag auf ihr Zuhause freuen.

4 ABSCHIED NEHMEN

Was passiert mit den Dingen, die übrig bleiben? Ich muss dich vorwarnen. Es werden wahrscheinlich eine Menge Dinge zusammenkommen, die dein Leben nicht bereichern. Von diesen Dingen nimmst du Abschied und lässt sie los. Du kannst alle Dinge in dein Abschiedstagebuch eintragen und ihnen damit eine letzte Ehre erweisen. Damit konservierst du die Erinnerung an den Gegenstand, ohne ihn weiter physisch besitzen zu müssen. Die Dinge, die gehen sollen, kannst du, wenn möglich, sinnvoll weitergeben und in den Kreislauf zurückführen.

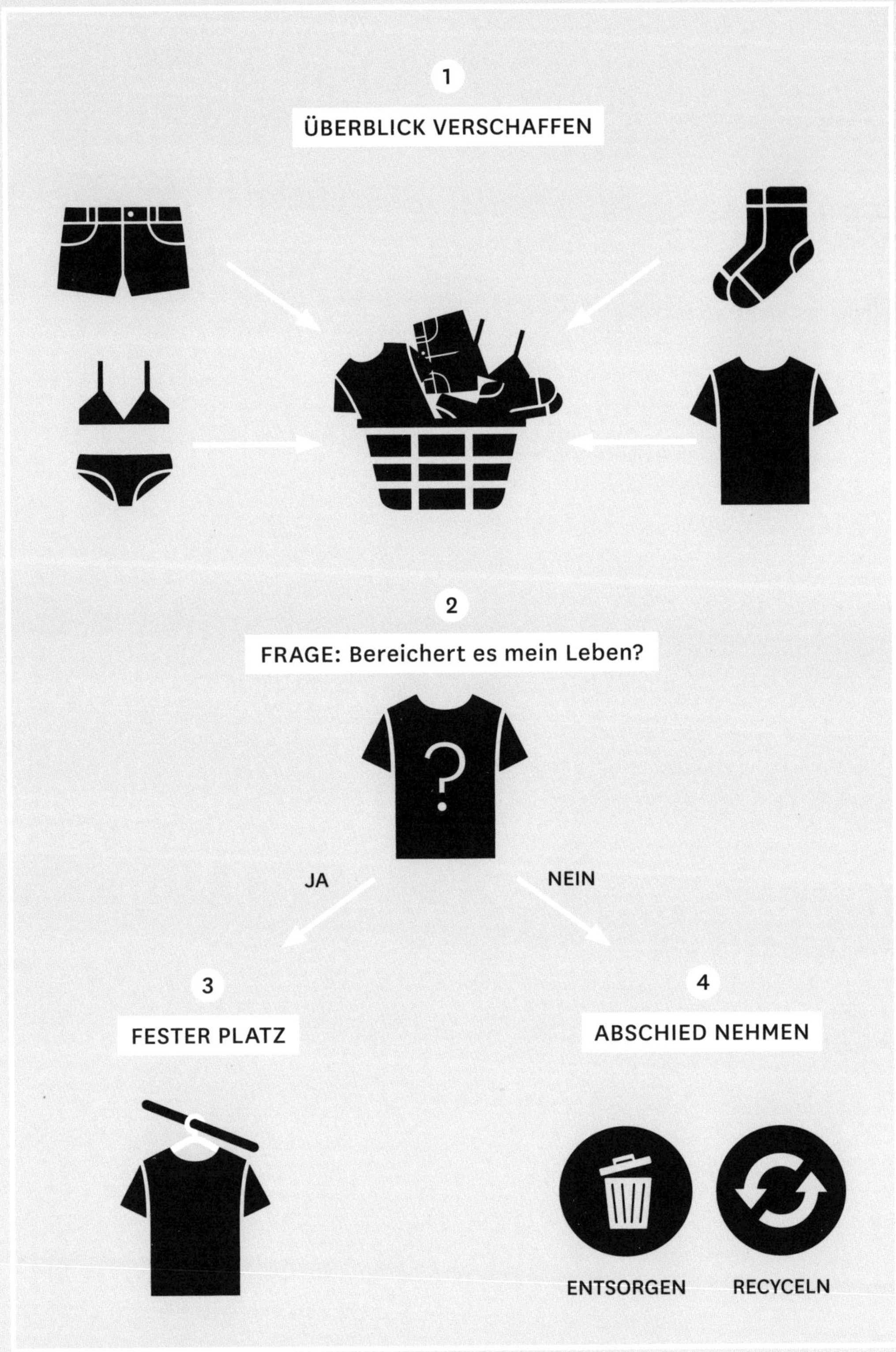
1
ÜBERBLICK VERSCHAFFEN
2
FRAGE: Bereichert es mein Leben?
JA
NEIN
3
FESTER PLATZ
4
ABSCHIED NEHMEN
ENTSORGEN
RECYCELN

TIPPS UND REGELN ZUM ENTRÜMPELN

DIE ALLES ENTSCHEIDENDE FRAGE

Du brauchst tatsächlich nicht mehr als die Frage „Bereichert es mein Leben?“ und ein bisschen Bauchgefühl. Trotzdem gibt es ein paar Tipps und Regeln, die dir im Zweifelsfall helfen können:

POSITIV RANGEHEN

Konzentriere dich immer auf die Sachen, die du behalten möchtest. Lege deinen Fokus stärker auf diese Dinge als auf die Gegenstände, die gehen sollen.

DOPPELGÄNGER

Wie viele Handtücher, Yogahosen und Kugelschreiber brauchst du wirklich? Wenn du von einer Kategorie viel besitzt, lohnt sich der extrakritische Blick. Entscheide dich für deine Favoriten.

DIE 1-JAHRES-REGEL

Alles, was du ein Jahr lang nicht benutzt hast, kann sofort weg. Ich kenne Leute, die sogar sagen: Alles, was du die letzten 90 Tage nicht benutzt hast und die nächsten 90 Tage nicht benutzen wirst, kommt weg.

DIE 20-20-REGEL

Alles, was du unter 20 Minuten und unter 20 Euro wiederbesorgen kannst, kann weg.

WÜRDEST DU?

Würdest du das Teil heute noch mal kaufen? Würdest du das Teil zum vollen Preis kaufen?

DAS HINTERTÜRCHEN

Vielleicht wird es ein paar wenige Dinge geben, bei denen es dir schwerfällt, dich zu entscheiden. Pack diese Sachen in einen mit dem Datum beschrifteten Karton und bewahre ihn außerhalb deiner Sichtweite auf. Wenn du in drei Monaten nichts daraus vermisst hast, kannst du mit gutem Gewissen Abschied nehmen.

ALL WE HAVE IS NOW

Verabschiede dich von dem Gedanken, dass ein bestimmter Gegenstand zu einem Leben passen könnte, das du in der Zukunft vielleicht einmal führen wirst. Konzentriere dich auf das hier und jetzt. Was bereichert das Leben, das du in diesem Moment lebst?

TRAINING

Betrachte die Arbeit mit diesem Buch als dein persönliches Trainingslager. Besonders wenn du von null anfängst, wird es Momente geben, in denen du an deine Grenzen stößt. Lass dich davon nicht aus der Ruhe bringen: Übung macht den Minimalisten.

DEATH CLEANING

Es gibt Menschen, denen der Gedanke hilft, dass sie ihr Hab und Gut für die Nachwelt entrümpeln. Dabei blicken sie mit einer gewissen Distanz auf ihre Besitztümer, als seien es gar nicht die eigenen, und fragen sich, was bleiben soll, wenn dies das finale Aufräumen vor dem Tod wäre.

JETZT GEHT ES LOS

Die Basis einer gesunden Ordnung ist ein großer Papierkorb.

KURT TUCHOLSKY, SCHRIFTSTELLER

ÄRMEL HOCH

Jetzt wird entrümpelt. Von oben nach unten und von außen nach innen. Jede Kategorie wird schätzungsweise fünf Minuten bis eine Stunde deiner Zeit in Anspruch nehmen. Es sei denn, du bist ein kleiner Messie, dann kann es natürlich auch einmal ein bisschen länger dauern. Wenn du einen Bereich geschafft hast, kannst du ihn abhaken. Es ist nicht wichtig, dass du die Reihenfolge einhältst. Du kannst gerne mit den Dingen anfangen, die dir leicht fallen. Vergiss nicht, die Dinge, die du losgelassen hast, in dein Abschiedstagebuch einzutragen. Wenn es zu viele Dinge sind, kannst du Kategorien oder besondere Einzelteile eintragen. Am besten benutzt du das Lesebändchen, um zwischen den Seiten hin und her zu springen.

TEMPO

Du entscheidest, wann und in welcher Geschwindigkeit du die Themen bearbeiten möchtest. Vergleiche dich nicht mit anderen – dein Tempo ist genau richtig. Du kannst dich jeden Tag mit einem Thema beschäftigen oder in größeren Abständen, beispielsweise einmal in der Woche, intensiv und gebündelt. Im Optimalfall baust du das Ausmisten ganz selbstverständlich und entspannt in deinen Tagesablauf ein und lässt es zu einer geschätzten Routine werden. Vielleicht hat du Lust, mit Minimalismus in den Tag zu starten, oder du schließt am Abend damit ab. Trage dir am Anfang am besten feste Termine zum Ausmisten in deinen Kalender ein, um mehr Verbindlichkeit zu schaffen. Wenn eine Kategorie für dich nicht relevant ist, kannst du sie einfach überspringen und mit dem nächsten Bereich weitermachen.

ENTRÜMPELUNGSPARTY

Mach es dir schön beim Entrümpeln. Gute Musik, ein bequemes Outfit, dazu ein großer Becher Tee und ein Keks – was immer dir guttut und dich in Stimmung bringt. Zelebriere den Minimalismus-Prozess ruhig ein wenig. Schließlich ist das Entrümpeln auch wie ein Date mit dir selbst.

LOSLASSEN, ABER WOHIN?

Ich empfinde es so, dass ich eine Verantwortung für die Dinge trage, die mir gehören. Diese Verantwortung hört nicht auf, wenn ich mich entscheide, dass ich einige Dinge nicht mehr besitzen möchte. Deshalb versuche ich, alles – wenn möglich – in den Kreislauf zurückzuführen. Nur weil mir eine Sache nicht mehr dient, bedeutet es nicht, dass sie wertlos ist. Dingen ein zweites, drittes oder vielfaches Leben zu geben ist nachhaltig und macht einem anderen Menschen eine Freude.

DER KREISLAUF DER DINGE

Nimm alle Dinge einzeln in die Hand und entscheide, ob sie dein Leben bereichern. Wenn du etwas nicht mehr besitzen möchtest, kannst du überlegen, wie du den Gegenstand nachhaltig entsorgen kannst. Dinge, die beschädigt sind und sich endgültig nicht mehr reparieren lassen, kannst du nur wegwerfen bzw. zum Wertstoffhof bringen. Alle anderen Sachen, die noch zu gebrauchen sind, aber dein Leben nicht mehr bereichern, kannst du in den Kreislauf zurückführen. Dazu hast du verschiedene Möglichkeiten: verkaufen, verschenken, tauschen oder spenden. Wenn es besonders schnell gehen soll, kannst du einen Karton mit einem „zu Verschenken"-Zettel in deinen Hausflur oder an die Straße stellen.

Hier findest du Wege und Kanäle, über die du deine aussortierten Dinge wieder in den Kreislauf zurückführen kannst.

REPARIEREN

In vielen Orten gibt es mittlerweile Reparatur-Cafés, in denen du mit fachmännischer Unterstützung deine Sachen reparieren kannst.

! **Netz-Tipp:** *Die Seite* ***kaputt.de*** *vernetzt Hilfesuchende und Reparaturdienste, bietet Anleitungen und informiert über Ersatzteile.*

Notiere hier Adresse & Öffnungszeiten vom Repaircafé in deiner Nähe:

VERKAUFEN

Gut erhaltene Dinge kannst du verkaufen: auf Flohmärkten, über Aushänge im Supermarkt und Anzeigen in Stadtmagazinen sowie über Online-Plattformen wie eBay, eBay-Kleinanzeigen, Verkaufsgruppen auf Facebook, Black Market, reBuy, Wirkaufens.

Notiere hier Adresse und mögliche Termine vom Flohmarkt in deiner Nähe:

VERSCHENKEN

Der direkte Weg: Du kennst jemanden, von dem du weißt, dass er oder sie den Gegenstand braucht und sich darüber freut. Die Alternativen: an die Straße stellen, in die Give-Box legen oder zum Umsonst-Laden in deiner Stadt bringen.

! **Netz-Tipp:** *Über das Verschenknetzwerk* ***freecycle.org*** *findest du unkompliziert neue, glückliche Besitzer für deine aussortierten Gegenstände. Bei Facebook gibt es zusätzlich viele lokale Verschenk-Gruppen und Nett-Werke, in denen du dankbare Abnehmer findest.*

Notiere hier Adresse & Öffnungszeiten eines Umsonst-Ladens in deiner Nähe:

SPENDEN

Die internationale Entwicklungsorganisation Oxfam nimmt gut erhaltene Sachspenden an, verkauft diese in ihren Läden und finanziert aus den Erlösen sinnvolle Nothilfe- und Entwicklungsprojekte. Deine aussortierte Kleidung kannst du in Sozialkaufhäusern oder den Kleiderkammern der DRK, der Caritas oder der Stadtmission abgeben. Darüber hinaus gibt es viele kleine lokale Vereine und soziale Einrichtungen, die sich über deine Sachspenden freuen.

Netz-Tipp: *Auf der Seite* ***wohindamit.org*** *musst du nur auswählen, was du spenden möchtest (Möbel, Elektronik, Bücher, Spielzeug, Hausrat, Kleidung, Fahrzeuge). Nach der Eingabe deiner Postleitzahl werden dir alle passenden sozialen Einrichtungen auf einer Karte angezeigt.*

Trage hier Adresse & Zeiten ein, wo du deine Sachspenden in deiner Nähe abgeben kannst. Notiere dir auch die Telefonnummer, um vorher zu erfragen, ob Bedarf besteht.

TAUSCHEN

Die klassische Win-win-Situation. Du wirst deinen überflüssigen Gegenstand los, kannst einem anderen Menschen eine Freude machen und verhinderst zwei Neuanschaffungen.

Netz-Tipp: *Die besten, kostenfreien Online-Tauschbörsen sind:* ***eBay Kleinanzeigen, Tauschgnom, Die Tauschbörse, Tauschbillet, Bambali*** *und* ***Swapy****.*

RECYCELN

Dinge, die kaputt und nicht zu retten sind, müssen weggeworfen werden. Allerdings dürfen viele Sachen nicht im Hausmüll entsorgt werden, sondern gehören auf den Wertstoffhof. Hier ein paar Beispiele, welche Sachen du beim Recyclinghof fachgerecht entsorgen kannst: Kühlschränke, Fernseher, Computer, Drucker, Kleingeräte, Sonderabfälle wie Lacke und Farben, Schrott, Kabel, DVDs, CDs und vieles mehr.

Netz-Tipp: *Auf* ***elektroschrott.de/wertstoffhoefe/*** *findest du über eine Suchmaske eine Karte mit Pins, auf denen die nächstgelegenen Wertstoffhöfe angezeigt werden.*

Notiere hier Adresse & Öffnungszeiten vom Recyclinghof in deiner Nähe:

WEGWERFEN

Wegwerfen ist immer die letzte Variante. Versuche, die Wertstoffe in diesem Fall so gut wie möglich zu trennen. Beachte dafür die Hinweise und Angebote deiner örtlichen Müllabfuhr.

TASCHEN & KLEIDUNG

TASCHEN & PORTEMONNAIE

Trage alle Taschen und dein Portemonnaie zusammen und leere den Inhalt auf dem Tisch aus. Wische alles von innen aus. Entscheide, welche Taschen dein Leben noch bereichern, verabschiede dich von den anderen. Gehe jede Sache einzeln durch, nimm alles in die Hand und entscheide in Ruhe. Lass dir aber auch nicht unnötig viel Zeit, sondern folge deinem ersten Impuls. Wenn mit einem Gegenstand aus deiner Tasche eine Aufgabe verbunden ist, zum Beispiel Kleidung aus der Reinigung abzuholen, erledige es in diesem Zusammenhang. Alles, was bleiben darf, räumst du wieder in die Tasche und das Portemonnaie ein. Fertig, abhaken.

Glückwunsch, du hast erfolgreich einen ersten Teil deines Lebens entrümpelt und dich auf die Reise zu einem minimalistischen Lebensstil begeben. Bei den folgenden Kategorien wird das Vorgehen nicht mehr so ausführlich beschrieben, du weißt ja nun, wie es geht.

KLEIDUNG

Wirf alles auf einen Haufen. Nutze die Gelegenheit, um deinen Schrank und die Schubladen einmal ordentlich auszuwischen. Im nächsten Schritt geht es ans „Einkaufen" im eigenen Kleiderschrank. Such dir deine Lieblinge aus. In welchen Kleidungsstücken fühlst du dich richtig wohl? Was ziehst du immer wieder an? Diese Stücke dürfen sofort wieder in deinen Schrank einziehen. Wenn du dir nicht so sicher bist, was du gerne trägst, schau einfach auf deinem Wäscheständer nach – da hängen deine Favoriten. Aus dem Wiedereinräumen des Kleiderschranks musst du keine große Wissenschaft machen. Du kannst die Teile hängen, rollen und stapeln oder zu einem Rechteck falten, welches aufrecht in einer Schublade stehen kann. Welcher Weg für dich der beste ist, hängt von den Kleidungsstücken und deiner Aufbewahrungsmöglichkeit ab. Wichtig ist nur, dass alle Kleidungsstücke gut sichtbar sind und sich nicht gegenseitig verdecken.

Nachdem du deine Lieblinge ausgesucht hast, wird vermutlich ein relativ großer Stapel übrig bleiben. Alles, was kaputt, verwaschen (Band-Shirts einmal ausgenommen), ausgeleiert oder unbequem ist, wird sofort aussortiert. Dem Rest des Berges rückst du nach dem bekannten 4-Schritte-Prinzip von Seite 24–25 zu Leibe.

! **Tipp:** *Lade deine Freunde zu einer Kleidertauschparty ein, um aussortierte Kleidung im Freundeskreis weiterzugeben.*

Notiere dir hier den Termin für deine erste Kleidertauschparty und wen du dazu einladen möchtest.

TERMIN ______________________

MOTTO ______________________

GÄSTE ______________________

____

____

Das habe ich weitergegeben:

____

Dieses neue Lieblingskleidungsstück habe ich mir ertauscht:

____

ENTSCHEIDUNGSHILFE

Wenn du noch ein bisschen Unterstützung brauchst – schließlich fangen wir ja gerade erst an –, kannst du bei der Entscheidungsfindung den Pfeilen der Grafik folgen:

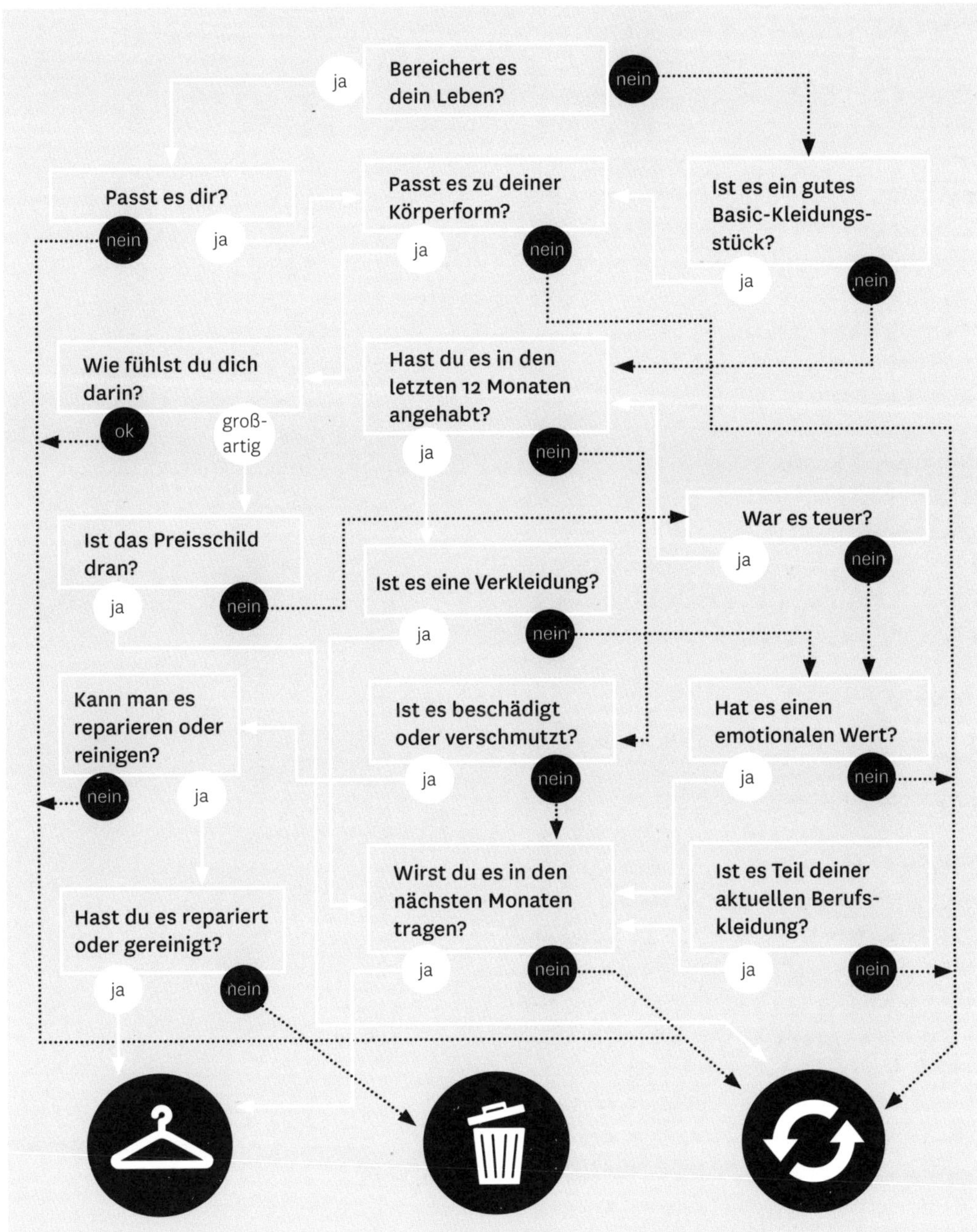

SCHUHE, ACCESSOIRES & BADUTENSILIEN

SCHUHE

Trenne dich von unbequemen, unbenutzten und ungeliebten Schuhen. Frage dich auch wieder, ob diese Schuhe zu deinem aktuellen Lebensmodell passen. Bist du ein High-Heels-Typ oder doch am liebsten in Turnschuhen unterwegs? Befreie dich von Erwartungen, die andere, die Gesellschaft oder die Modeindustrie an dich stellen wollen.

ACCESSOIRES

In dieser Rubrik wird es kleinteilig. Denn dazu gehören Uhren, Gürtel, Schmuck, Haarschmuck, Kopfbedeckungen, Tücher und Sonnenbrillen. In dieser Kategorie haben wir oft sehr viele Dinge, die wir nur sehr selten benutzen. Fokussiere dich auf deine Lieblinge. Was macht dich glücklich? Wenn du dir unsicher bist, kannst du ein Foto mit dir und dem Gegenstand machen und mit ein wenig Distanz und einem Blick auf die Aufnahme entscheiden, ob das Teil zu dir passt.

BADUTENSILIEN

Zu dieser Kategorie gehören: Make-up, Pinsel, Parfüm, Haarprodukte, Hautprodukte, Mundhygiene- und Hygieneprodukte, Nagellack, Bürsten und Haarnadeln. Du wirst vermutlich staunen, wie groß dieser Haufen ist. Bedenke besonders bei den Dingen, die du auf deine Haut aufträgst, dass alles, was dich berührt, ein Teil von dir wird. Die Haut ist unser größtes Organ und absorbiert die Stoffe, die in den Produkten enthalten sind. Deine Haut und dein Körper verdienen die besten Pflege- und Inhaltsstoffe. Verwende am besten nur Produkte, die du liebst, die gute Inhaltsstoffe haben und unter fairen Bedingungen hergestellt werden. Viele Pflegeprodukte kannst du auch mit wenigen Handgriffen aus Lebensmitteln selbst herstellen. Vielleicht möchtest du auch auf Produkte umsteigen, die ohne Umverpackungen auskommen. Feste Seife oder Shampoo-Bars ersetzen herkömmliches Duschgel, Flüssigseifen, Rasierschaum und Shampoo aus Plastikflaschen. Ein Rasierhobel mit wechselbaren Klingen, ein Menstruationscup und waschbare Abschminkpads halten viele Jahre und helfen so, einen großen Berg an Abfällen zu vermeiden.

App-Tipp: *Mit der App* ***Codecheck*** *kannst du den Barcode von deinen Produkten scannen, die App zeigt dir mithilfe eines übersichtlichen Tortendiagramms an, ob das Produkt Inhaltsstoffe enthält, die für dich oder die Umwelt schädlich sind, wie zum Beispiel Mikroplastik, das in vielen konventionellen Kosmetikprodukten enthalten ist. Diese Kunststoffpartikel sind so klein, dass sie in den Klärwerken nicht herausgefiltert werden können, und gelangen über den Abfluss deiner Dusche ins Grundwasser und auf diesem Weg weiter in unsere Meere. Naturkosmetik ist immer frei von Mikroplastik und Giftstoffen.*

MAGAZINE, DATENTRÄGER & BÜCHER

MAGAZINE & ZEITUNGEN

Mal Hand aufs Herz, wenn du dir bist heute keine Zeit genommen hast, um diesen einen sehr interessanten, aber leider auch langen Artikel zu lesen, wirst du es wahrscheinlich auch morgen und in den nächsten Tagen und Wochen nicht tun.

App-Tipp: *Sollte dir das Loslassen trotzdem schwerfallen, kannst du mithilfe einer Scanner-App, zum Beispiel* ***Scanpilot****, die Inhalte der Seiten sichern.*

NOTIZBÜCHER

Trenne die beschriebenen Seiten heraus, die mit Informationen gefüllt sind, die weder aktuell noch wichtig sind. Überlege dir, wie viele Notizbücher du behalten möchtest und wofür du überhaupt ein Notizbuch verwenden möchtest. Manche Dinge kannst du dir auch auf dem Handy notieren, das spart wertvolles Papier.

App-Tipp: *Mit* ***Wunderlist*** *kannst du dir nicht nur Notizen machen, sondern zum Beispiel auch deinen Einkaufszettel mit anderen teilen und so sicherstellen, dass nichts doppelt gekauft wird.*

CDS, KASSETTEN & VIDEOKASSETTEN

Du kannst die Inhalte von alten Datenträgern digitalisieren lassen, wenn du sie behalten möchtest. Danach gehst du so vor wie immer: aussortieren und anschließend verkaufen, verschenken, spenden oder wegwerfen.

VHS-Kassetten bestehen außen aus Polystyrol mit einem Kern aus magnetisierbar beschichtetem Klebeband. Wenn du keinen Abnehmer für deine ehemaligen Schätze findest, kannst du sie einzeln im Restmüll entsorgen, nicht recyceln, da sich die langen Bänder auf den Förderbändern der Sortieranlagen verheddern können und den Betrieb behindern. Große Sammlungen gehören auf den Wertstoffhof.

BÜCHER

Wenn ein Buch dein Leben abschließend bereichert hat, hat es seine Aufgabe erfüllt und du kannst es weitergeben. Dazu gibt es viele Möglichkeiten. Du kannst es zum Beispiel mit einer persönlichen Empfehlung an einen lieben Menschen verschenken oder mit deinen Nachbarn im Treppenhaus einen Buch-Tauschclub initiieren. Lokale Bücherhallen freuen sich sehr über die Spende von aktuellen Büchern. Natürlich kannst du deine nicht mehr gebrauchten Bücher auch verkaufen.

Netz-Tipp: *Vergleichsportale wie* ***woverkaufen.de, bonavendi.de*** *oder* ***werzahltmehr.de*** *vergleichen einzelne Buch-Ankauf-Anbieter wie* ***Booklooker, Fairmondo, Mehrwegbuch, Studibuch, Momox*** *und* ***reBuy*** *für dich.*

ELEKTRONIK

ELEKTRONIK

Dazu gehören Geräte aus allen Bereichen: Haushalt, Küche, Bad, Arbeit, Hobby und Garten. Die dazugehörigen Kabel und Batterien nicht vergessen. Wichtig: Alles, was mit einem Stromkabel oder Batterien beziehungsweise Akku betrieben wird, darf nicht in den Hausmüll. Denn in vielen alten Geräten sind Stoffe enthalten, die wertvoll und/oder gefährlich sind. Platinen enthalten zum Beispiel Gold, Kupfer, Zinn und Blei. Nur durch eine fachgerechte Entsorgung können die Inhaltsstoffe wiederverwendet und giftige oder gefährliche Substanzen isoliert und aufbereitet werden.

Batterien sind leicht zu entsorgen: Fast alle Drogerien und größeren Supermärkte haben im Kassenbereich eine Altbatterien-Kiste. Seit dem Jahr 2015 sind der Großhandel und große Fachgeschäfte verpflichtet, Elektrogeräte kostenlos und auch ohne den Kauf eines Neugeräts zurückzunehmen und fachgerecht zu entsorgen. Nicht mehr reparaturfähige Fernseher oder Haushaltsgeräte kannst du also zum Beispiel bei Saturn oder Media Markt abgeben.

App-Tipp: *Die Smartphone-App „**eSchrott**" zeigt dir schnell und einfach auf einer Karte die nächstgelegenen Sammelstellen für Elektroaltgeräte an.*

Tipp: *Nicht zu rettende Handys, Smartphones und Tablets kannst du entsorgen und recyceln lassen und damit sogar noch etwas Gutes für die Umwelt tun. Du kannst deine Geräte mitsamt Zubehör (Netzteil, Ladekabel, Akku, Headset) einfach an einer der mehr als 440 Sammelstellen des NABU abgeben. Alternativ können die Geräte kostenlos per DHL verschickt werden. Pro Handy fließen 1,60 Euro in ein Naturprojekt.*

Netz-Tipp: *Überflüssige Notebooks kannst du spenden. Das NGO **Labdoo.de** wartet alte Notebooks und verteilt diese an Schulen und soziale Projekte weltweit. Das Besondere ist, dass die Geräte von Freiwilligen auf Reisen mitgenommen und übergeben werden. Das spart CO_2 und Kosten.*

PRAXIS

UNTERLAGEN & ARBEITSMATERIALIEN

RECHNUNGEN, BELEGE & DOKUMENTE

Wenn du diese Dinge in die Hand nimmst, wirst du vielleicht keine eindeutige Antwort auf die Frage erhalten, ob sie dein Leben bereichern. Dieser Sektor gehört tatsächlich zu den wenigen Ausnahmen. Alte Steuerunterlagen bereichern dein Leben vielleicht nicht direkt, du bist aber per Gesetz dazu verpflichtet, sie zehn Jahre aufzuheben.

Du kannst deine Unterlagen, die bleiben dürfen, nach dem System ordnen, das dir am meisten zusagt. Manche schwören auf Hängeregister, in denen man die Zettel einfach in beschriftete Taschen gleiten lassen kann, andere bevorzugen das klassische Ordner-System. Wichtig ist, dass du alles einmal durchgehst und dich mit jedem Papier kurz beschäftigst. Alles, was du nicht im Original aufheben musst, kannst du bei Bedarf einscannen und digital archivieren.

App-Tipp: ***Scanbot*** *zum Scannen von Dokumenten.*

Alles andere wird ordentlich abgeheftet. Es ist wichtig, dass du einen Überblick bekommst, welche Unterlagen du besitzt. Bündle Themen und verwende beschriftete Trennblätter, um die Dokumente auf einen Blick wiederzufinden.

Die wenigen Unterlagen und Dokumente, die du wirklich in Papierform und als Original benötigst, bewahrst du griffbereit in einem Ordner auf. Unterlagen, die nicht aktuell sind, aber aufgehoben werden müssen, lagerst du außerhalb deines Sichtfeldes. Am Ende eines jeden Jahres gehst du die Unterlagen noch einmal durch und prüfst, welche Unterlagen ins elfte Jahr kommen und sortierst diese aus. Bedenke, dass Kassenbons aus Thermopapier nicht ins Altpapier gehören, da das Papier eine Plastikbeschichtung hat.

ARBEITSMATERIALIEN

An diesem Punkt widmen wir uns erst mal den Arbeitsmaterialien und Werkzeugen, die zum Arbeitsplatz zu Hause gehören. Trage alle Materialien, Stifte, Papier, Büroklammern von überall zusammen. Trenne dich großzügig. Behalte wirklich nur die Dinge, die du gerne und regelmäßig benutzt.

Netz-Tipp: *Die Initiative „Stifte stiften" sammelt gebrauchtes, aber nicht mehr benutztes Arbeitsmaterial und spendet die Materialien an Schulen in Afrika, in denen sie benötigt werden. Unter* ***stifte-stiften.de*** *findest du eine Adresse, an die überflüssige Bleistifte, Buntstifte, Kugelschreiber, Radiergummis, Lineale, Bastelscheren, Anspitzer, Taschenrechner, Mäppchen, Hefte, A4-Papier und Schulranzen gesendet werden können.*

HAUSHALT

BETTWÄSCHE, TISCHWÄSCHE UND HANDTÜCHER

Zu dieser Kategorie gehören Bettlaken, Kissen- und Deckenbezüge, Handtücher, Badelaken, Strandtücher und Matten, Tischdecken, Geschirrtücher und Servietten.

In dieser Kategorie besitzen wir oft besonders viele Duplikate. Trenne dich von verfärbten, verformten und verwaschenen Stücken und allem, das dich nicht glücklich macht und schlicht zu viel ist.

! **Tipp:** *Aus alten Handtüchern oder Molton-Bettbezügen kannst du dir ganz einfach wiederverwendbare, waschbare Abschmink-Pads nähen. Schneide den Stoff in runde oder rechteckige Stücke in der gewünschten Größe zu und säume alles im Zickzack-Stich mit der Nähmaschine.*

REINIGUNGSUTENSILIEN

Die Industrie trichtert uns ein, dass wir für alles Mögliche ein besonderes, oft aggressives Putzmittel und viele verschiedene Gerätschaften benötigen. Tatsächlich kannst du mit einfachen Lappen aus Baumwolle und nur einem ökologischen Haushaltsreiniger fast alles im Haus reinigen.

! **Tipp:** *Du kannst deine Reinigungsmittel auch selbst herstellen. Das geht schnell, ist günstig und schont die Umwelt und die Gesundheit. Um einen Allzweckreiniger herzustellen, vermischst du zum Beispiel einen Löffel Essigessenz mit 300 Millilitern Wasser und füllst die Mischung in eine leere Sprühflasche. Optional kannst du noch zwei Tropfen eines naturreinen ätherischen Öls dazugeben, das sorgt für schönen Duft beim Putzen.*

KRIMSKRAMS

Jeder hat sie – die gefürchtete Schublade, in der sich alles ansammelt, was nicht so richtig zu einer speziellen Kategorie gehört. Hier horten wir auch gerne überflüssige Dinge, von denen wir denken, dass wir sie vielleicht irgendwann noch mal brauchen könnten. Sei ehrlich, ist so ein „vielleicht"-Fall in den letzten zwölf Monaten eingetreten? Ordne die Dinge, die bleiben dürfen, wieder so in die Schublade, dass alles einen festen Platz bekommt und du alles gut sehen kannst. Wenn du etwas siehst, erhöhst du die Chance darauf, es regelmäßig zu benutzen. Damit die Dinge in der Schublade beim Öffnen nicht hin und her fliegen, kannst du eine Gummimatte auf den Boden legen oder dir aus alten Schuhkartons und Schachteln ein Innenleben für die Schublade bauen.

Behalte diese Schublade auch nach dem Aussortieren im Auge. Dies ist der Ort, an dem sich leicht wieder Dinge ansammeln wollen. Und lies auf Seite 24 und 25 auch noch einmal, wie du dies mit vier einfachen Schritten verhinderst.

WOHNEN

HERUMSTEHENDES

Entferne alle Dinge, die herumstehen, und räume die Oberflächen von Tischen, Kommoden, Regalen, Schränken, Ablagen und Fensterbänken leer. Wie gefällt dir der Anblick? Stell dir einmal vor, wie schnell das Putzen geht, wenn du mit nur einem Wisch die leeren Flächen reinigen kannst. Überlege dir genau, welche ausgewählten Gegenstände du an welchen Ort ziehen lassen möchtest. Welche Dinge möchtest du ausstellen und permanent sehen? Welcher Anblick bereichert dein Leben wirklich?

MÖBEL

Wir haben eine Vorstellung davon, wie und mit welchen Möbeln Räume eingerichtet sein sollen. Aber entspricht dieses Bild auch deinen Bedürfnissen, passt es zu deinem Alltag? Schau noch einmal auf Seite 16 und gleiche ab, ob du die für dich richtigen Möbel besitzt, die zu deinem Wunschleben passen. Frage dich, ob du die vorhandenen Stücke heute noch kaufen würdest. Vielleicht sind durch den Minimalismus-Prozess auch schon einige Möbel frei und überflüssig geworden, von denen du dich nun trennen kannst.

! **Tipp:** *Verschenke schöne, aber unbenutzte Möbel an deine Freunde und Bekannten. Auf diese Art und Weise kannst du dich immer wieder daran erfreuen, wenn du bei ihnen zu Besuch bist.*

DEKORATION

Zu dieser Kategorie gehören neben der Alljahresdekoration auch die Weihnachts- und Osterdekoration. Lege auch alle Dekorationsartikel für saisonale Feste, Geburtstage und Vereinsfeste auf den Stunde-der-Wahrheit-Haufen. Vergiss auch nicht die Dekorationsobjekte, die du geschenkt bekommen hast.

Frage dich ehrlich: Wie viel Dekoration möchtest du überhaupt haben? Was fühlt sich richtig für dich an? Jedes Dekorationsobjekt möchte deine Aufmerksamkeit, es möchte betrachtet und auch regelmäßig entstaubt werden. Wirf zur Unterstützung noch einmal einen Blick auf dein Bild von Seite 16, um dir zu vergegenwärtigen, welche Stimmung du erzeugen möchtest und was zu deiner Vision von einem einfachen, guten Leben passt.

KÜCHE

KÜHLSCHRANK

Räume alles aus dem Kühlschrank, bei dieser Gelegenheit kannst du den Kühlschrank auch gleich einmal abtauen und gründlich reinigen. Sortiere verdorbene Lebensmittel aus.

! **Netz-Tipp:** *Essen, das noch gut ist, aber dir nicht schmeckt, kannst du verschenken. Dazu meldest du dich bei* ***Foodsharing.de*** *an und bietest deinen Essenskorb zum Abholen an.*

Räume die verbleibenden Lebensmittel so ein, dass du nach Möglichkeit alles gut sehen kannst. Achte darauf, dass du auch wie bisher vorgehst und jedem Ding einen festen Platz zuordnest. Wenn du etwas aus dem Kühlschrank benutzt hast, stellst du es danach immer wieder an seinen festen Platz zurück. Versuche den Kühlschrank einmal richtig leer zu essen, bevor du das nächste Mal einkaufen gehst.

KÜCHENSCHRÄNKE

Räume einmal alles raus aus den Schränken und Schubladen, wenn du Geschirr in einer Vitrine aufbewahrst, gehört das auch dazu. Hier kommt schnell viel zusammen. Konzentriere dich hier wieder auf die Dinge, die du liebst und jeden Tag mit Freude benutzt. Sortiere danach zuerst die Dinge aus, die einen Sprung haben, Dosen, zu denen der Deckel fehlt, und überflüssige Doppelgänger. Abschließend kommt das Geschirr an die Reihe, das du nicht regelmäßig benutzt. Trenne dich konsequent.

! **Tipp:** *In Plastik sind Weichmacher enthalten, die in deine Lebensmittel übergehen können. Investiere in eine gute Trinkflasche und Aufbewahrungsbehälter aus Glas oder Stahl.*

VORRATSSCHRÄNKE

Räume alles aus, wisch die Schränke aus und schau nach, ob Lebensmittel verdorben sind. Vielleicht sind auch hier Sachen dabei, die dir gar nicht schmecken. Diese kannst du mit in deinem Foodsharing-Korb anbieten oder an deine Nachbarn verschenken. Die verbleibenden Lebensmittel füllst du am besten in Drahtbügelgläser um, die mit Gummidichtungen verschlossen sind. Aus diese Weise hast du stets einen guten Überblick über deine Vorräte und die Lebensmittel sind gleichzeitig sicher gegen Schädlinge wie Lebensmittelmotten geschützt. Außerdem sieht es einfach richtig schön aus, die puren Lebensmittel, ohne hässliche Verpackungen, zu sehen. Das weckt zudem die Lust, zu kochen und neue Rezepte auszuprobieren.

! **Tipp:** *Du kannst deine Gläser ganz unkompliziert in deinem Unverpackt-Laden wieder mit Lebensmitteln auffüllen. Oder du nimmst dir zum Einkaufen waschbare Stoffbeutel mit und befüllst deine Gläser im Anschluss zu Hause.*

PRAXIS

TELEFON & COMPUTER

SMARTPHONE

Wie viel Zeit verbringst du eigentlich an deinem Handy? Stimmt das mit deiner Vorstellung von „eine gute Zeit haben" überein? Wirf noch einmal einen Blick auf dein Warum auf Seite 12, bevor du mit dem Aufräumen deines Handys beginnst. Bereichert die Zeit am Handy dein Leben und bringt sie dich deinen Zielen näher? Starten wir mit den Apps. Sie sind dafür da, dein Leben zu erleichtern und zu bereichern. Wenn der Blick auf den Bildschirm deines Handys dich unruhig macht, stresst und überfordert, läuft etwas falsch. Pick die Apps heraus, die deine Lebensqualität erhöhen, und lösche die anderen konsequent. Ordne die verbleibenden Apps nach der Häufigkeit der Nutzung auf deinem Bildschirm an.

App-Tipp: ***Screen Time***.
Die App zeigt dir an, wie viel Zeit du täglich an deinem Smartphone verbringst. Es gibt auch einen Timer, mit dem du dir ein tägliches Limit für die Benutzung festlegen kannst.

Gehe die Kontaktliste durch und lösche veraltete Kontakte und prüfe, ob bei aktuellen Kontakten noch alle Daten stimmen. Lösche alte SMS-Nachrichten und Chatverläufe.

Deaktiviere die Push-Nachrichten-Funktion. Die ständigen Signale und Benachrichtigungen reißen dich immer wieder aus deiner aktuellen Beschäftigung heraus. Das ist besonders fatal, wenn du gerade dabei warst, dich zu entspannen. Du kannst selbst entscheiden, wann du Lust und Zeit hast, dich den Nachrichten gebündelt zu widmen.

Erinnerung an dich selbst: Du musst nicht immer erreichbar sein.

SOCIAL MEDIA

Schau dir deine Social-Media-Kanäle an. Wem folgst du dort? Sind das Menschen, die du kennst und mit denen du auch im echten Leben einen Kaffee trinken würdest? Was für ein Gefühl löst das Betrachten der Bilder und Kanäle bei dir aus? Lass los, was dich nicht bereichert und inspiriert – entfolge und defriende.

Überprüfe auch dein eigenes Profil. Wer sind deine Freunde? Welche Menschen folgen dir? Welche Informationen gibst du dort preis? Würdest du die Fotos und Inhalte auch im echten Leben mit dem Verteilerkreis teilen? Fühlt sich das gut und richtig für dich an?

DATEN

Gehe die Daten auf deinem Smartphone und Computer durch. Behalte nur, was dein Leben wirklich bereichert oder was du für ein aktuelles Projekt benötigst. Wir neigen dazu, viel zu viele Daten zu produzieren oder zu horten, die wir oft nie wieder nutzen.

Tipp: *Erstelle eine Sicherheitskopie von den Daten, die du behalten möchtest.*

E-MAILS & NEWSLETTER

E-MAILS

Gehe ganz an den Anfang deines E-Mail-Postfachs und arbeite dich nach vorne zu den aktuellen E-Mails durch. Sichere wichtige Anhänge und Konversationen und behalte die E-Mails zu aktuellen Themen und Projekten. Alle anderen Mails kannst du löschen oder archivieren.

Lege dir für alle E-Mails, die du behalten möchtest, Ordner an. Auf diese Art und Weise findest du eine bestimmte E-Mail bei Bedarf schnell wieder und es fällt dir leichter dein E-Mail-Postfach leer zu halten.

! **Tipp:** *Das Ziel ist es, den (Arbeits-) Tag mit einem leeren E-Mail-Postfach zu beenden. Dazu helfen ein paar einfache Regeln zum Umgang mit E-Mails. Widme dich jeder E-Mail nur einmal. Öffne die E-Mail und entscheide nach dem Lesen sofort, wie du mit der E-Mail umgehen möchtest: sofort bearbeiten und antworten, weiterleiten, im richtigen Ordner ablegen oder löschen. Öffne dein E-Mail-Postfach erst gar nicht, wenn du danach keine Zeit hast, um dich damit konsequent zu beschäftigen.*

NEWSLETTER & ABOS

Lösche alle Abos von Newslettern und Anbietern, die dein Leben nicht mehr bereichern. Schau dir besonders kritisch die Newsletter von Marken und Firmen an, die kaum Inhalte liefern und nur darauf abzielen, dein Kaufinteresse zu wecken. Wenn es dir nicht mehr dient, kannst du es mit einem Klick loslassen. Das Gleiche gilt auch für analoge Werbung. Bringe einen Zettel an deinem Briefkasten an, dass du keine Werbung und keine kostenlosen Zeitungen erhalten möchtest. Sprich mit deinen Nachbarn – wenn ihr gemeinsam einen Zettel an der Tür des Hauses anbringt, könnt ihr zusammen eine Menge unnötigen analogen Spam vermeiden.

! **Netz-Tipp:** *Trage dich in der* ***robinsonliste.de*** *und bei* ***werbestopper.de*** *ein, um ungewünschte Werbesendungen zu vermeiden.*

PERSÖNLICHES

PERSÖNLICHE DINGE

Jetzt wird es hart. Das ist die Aufgabe, vor der alle am meisten Respekt haben. Zu den persönlichen Dingen gehören Briefe, Geschenke, Urlaubsmitbringsel, Kuscheltiere, Sammlungen. Nimm jedes Stück in die Hand und horche in dich hinein. Bereichert es dein Leben? Macht es dich wirklich glücklich? Die ausgewählten Dinge, die bleiben dürfen, werden gut sichtbar in deinem Zuhause platziert oder finden in deiner kleinen Schatzkiste Platz.

FOTOS

Mit den Smartphones kam auch die Flut an Fotos. Schau dir alle Fotos an, digitale und die auf Fotopapier und sortiere großzügig aus: zuerst die verwackelten und unscharfen Bilder, danach die, mit denen du keine schöne Erinnerung verbindest. Wenn du viele ähnliche Aufnahmen von einem Moment hast, suche dir das schönste Foto aus. Du kannst deine analogen Lieblingsbilder auch einscannen und dir ein digitales Album mit den schönsten Erinnerungen deines Lebens anlegen. Vergiss nicht, eine Sicherheitskopie davon zu machen.

Es ist aber auch genau andersherum möglich: Du kannst deine digitalen Lieblingsfotos als Fotoalbum ausdrucken, auf deinen Sofatisch legen und dich immer wieder darüber freuen. Beide Wege sind gut.

Wenn du dich dazu entscheidest, ausgewählte analoge Fotos zu behalten, sammle diese an einem bestimmten, leicht zugänglichen Ort, zum Beispiel in einem Album, Ordner oder einer Kiste. Wenn du ein besonderes Foto hast, das dir viel bedeutet, kannst du es auch einrahmen und an einem schönen Platz in deinem Zuhause aufhängen.

HOBBYMATERIALIEN

Frage dich erst einmal: Gehe ich dem Hobby noch regelmäßig nach, macht es mir noch Spaß? Schau dir dann an, welche Dinge du wirklich für deine Hobbys brauchst. Welche Materialien sind kaputt, vertrocknet oder veraltet, welche waren sowieso nur für dieses eine Projekt gedacht? Weg damit. Vielleicht hast du Lust darauf, neue Dinge auszuprobieren und zu lernen. Auf der Seite 132 darfst du dir dazu Gedanken machen. Zu den Hobbymaterialien gehören auch Spiele und Spielsachen. Überprüfe, ob deine Spiele heil und vollständig sind und heiß und innig geliebt werden. Passen die Spielsachen deiner Kinder noch zum aktuellen Entwicklungsstand oder sind sie schon lange „rausgewachsen“?

Netz-Tipp: *MeineSpielzeugkiste.de*
verleiht Spielsachen für Kinder jedes Alters in den Kategorien: Motorik, Musik und Sprache, logisches Denken, Gemeinschaftssinn und Kreativität.

SONSTIGES

AUTO

Räume das komplette Auto aus, das Handschuhfach, die Seitenfächer und den Kofferraum. Sauge alles aus und wische die Flächen feucht ab. Gib nur den Dingen einen festen Platz in deinem Auto, die du dort gerne haben möchtest oder dringend brauchst.

REST

Nun sollten 98% deiner materiellen Besitztümer den Minimalismus-Prozess durchlaufen haben. Ein paar Kleinigkeiten bleiben immer noch übrig, denn jedes Leben ist anders.

Notiere dir hier die übrig gebliebenen Gegenstände und hake auch die letzten Aufgaben nach dem erfolgreichen Aussortieren auf Seite 43 bis 46 ab.

CHECKLISTE

FAST GESCHAFFT

In der folgenden Checkliste sind die Kategorien zum Teil noch einmal auf detailliertere Unterpunkte runtergebrochen. Immer wenn du eine Kategorie erfolgreich entrümpelt hast, kannst du den Bereich als erledigt abhaken. Auf diese Art und Weise kannst du auf einen Blick sehen, was du schon geschafft hast und welche Bereiche noch fehlen.

Setze einen Haken hinter die Kategorien, die du erfolgreich aussortiert hast. Den zweiten Haken kannst du setzen, wenn du ein neues Zuhause für die aussortierten Gegenstände organisiert hast beziehungsweise du die ungewollten Dinge möglichst nachhaltig entsorgen konntest. Die Tipps dazu findest du auf der Übersicht auf Seite 26 und 27. Mit zwei gesetzten Haken in allen Kategorien sind dein Zuhause und dein Leben endgültig von allen überflüssigen Dingen befreit.

TASCHEN

	AUSSORTIERT	DAVON BEFREIT		AUSSORTIERT	DAVON BEFREIT
HANDTASCHEN			STRANDTASCHEN		
REISETASCHEN			JUTEBEUTEL		
KOSMETIKTASCHEN			LAPTOPTASCHEN		
ABENDTASCHEN			PORTEMONNAIE		

KLEIDUNG

	AUSSORTIERT	DAVON BEFREIT		AUSSORTIERT	DAVON BEFREIT
SOCKEN, UNTERWÄSCHE, BHS			BLUSEN & KLEIDER		
STRUMPFHOSEN, STRÜMPFE, LEGGINS			JACKEN & MÄNTEL		
JEANS, HOSEN, RÖCKE			SPORTBEKLEIDUNG		
T-SHIRTS, PULLOVER, WESTEN			BADEBEKLEIDUNG		

CHECKLISTE

SCHUHE

	AUSSORTIERT	DAVON BEFREIT
SOMMERSCHUHE		
WINTERSCHUHE		
FREIZEITSCHUHE		
ABENDSCHUHE		

	AUSSORTIERT	DAVON BEFREIT
ARBEITSSCHUHE		
SPORTSCHUHE		
ROLLERSKATES		
EISLAUFSCHUHE		

ACCESSOIRES

	AUSSORTIERT	DAVON BEFREIT
UHREN		
GÜRTEL		
SCHALS		
TÜCHER		

	AUSSORTIERT	DAVON BEFREIT
SCHMUCK		
HAARSCHMUCK		
SONNENBRILLEN		
HÜTE		

BÜRO & MATERIALIEN

	AUSSORTIERT	DAVON BEFREIT
MAGAZINE		
ZEITUNGEN		
NOTIZBÜCHER		
CDS		
KASSETTEN		
VIDEOKASSETTEN		
BÜCHER		

	AUSSORTIERT	DAVON BEFREIT
ELEKTRONIK		
ZUBEHÖR & KABEL		
ADAPTER & BATTERIEN		
RECHNUNGEN		
BELEGE		
DOKUMENTE		
BÜROUTENSILIEN		

BADUTENSILIEN

	AUSSORTIERT	DAVON BEFREIT
MAKE-UP		
PINSEL		
PARFÜM		
MUNDPFLEGEPRODUKTE		

	AUSSORTIERT	DAVON BEFREIT
HAARPRODUKTE		
HAUTPRODUKTE		
NAGELPRODUKTE		
HYGIENEARTIKEL		

HAUSHALT

	AUSSORTIERT	DAVON BEFREIT
BETTWÄSCHE		
TISCHWÄSCHE		
HANDTÜCHER		
REINIGUNGSUTENSILIEN		

	AUSSORTIERT	DAVON BEFREIT
KRIMSKRAMS		
HERUMSTEHENDES		
MÖBEL		
DEKORATION		

KÜCHE

	AUSSORTIERT	DAVON BEFREIT
KÜHLSCHRANK		
GEFRIERTRUHE		
TASSEN, BECHER		
GLÄSER, KARAFFEN, KRÜGE		
SCHÜSSELN & TELLER		
BESTECK, KOCHBESTECK		
SCHNEIDEBRETTER, MESSER		

	AUSSORTIERT	DAVON BEFREIT
BACKZUBEHÖR		
TÖPFE, PFANNEN, OFENFORMEN		
SCHWÄMME, BÜRSTEN, TOPFLAPPEN		
AUFBEWAHRUNGSCONTAINER, DOSEN		
MÜLLBEUTEL		
KÜCHENGERÄTE, ZUBEHÖR		
VORRATSSCHRÄNKE		

CHECKLISTE

TELEFON & COMPUTER

	AUSSORTIERT	DAVON BEFREIT
SMARTPHONE		
APPS		
SOCIAL MEDIA		
COMPUTER		

	AUSSORTIERT	DAVON BEFREIT
DATEN		
E-MAILS		
NEWSLETTER		
ABOS		

PERSÖNLICHES

	AUSSORTIERT	DAVON BEFREIT
DIGITALE FOTOS		
ANALOGE FOTOS		
HOBBYMATERIALIEN		
SPIELE		
BRIEFE		

	AUSSORTIERT	DAVON BEFREIT
TAGEBÜCHER		
GESCHENKE		
SOUVENIRS		
KUSCHELTIERE		
SAMMLUNGEN		

SONSTIGES

	AUSSORTIERT	DAVON BEFREIT
AUTO		
GARAGENZUBEHÖR		

	AUSSORTIERT	DAVON BEFREIT
GERÄTE		
WERKZEUG		

HERZLICHEN GLÜCKWUNSCH

Gratulation, du hast es geschafft – du hast erfolgreich allen physischen Besitz betrachtet und reduziert. Du umgibst dich nun nur noch mit Dingen, die dein Leben bereichern. Hinter dir liegt eine Menge Arbeit. Blättere dich noch einmal durch dein Abschiedstagebuch (Seite 70–121) und vergegenwärtige dir, wie viele Dinge du schon hast gehen lassen. Schau doch gleich auch noch einmal auf Seite 19 nach und such dir eine feine Belohnung aus. Du hast es dir mehr als verdient!

Wie hast du den Minimalismus-Prozess bisher erlebt? Wie fühlst du dich jetzt? Was empfindest du, wenn du dir dein neues Zuhause ansiehst? Was hat sich in deinem Leben verändert?

Hier ist Platz für deine Gedanken:

INNERE STIMME

In den letzten Tagen und Wochen hast du durch das Entrümpeln vor allem eines gelernt: auf deine innere Stimme zu hören. Weil das so gut geklappt hat, machen wir auch gleich weiter: mit den nicht physischen Dingen in deinem Leben.

PLASTIK-FASTEN

HARTE TÜR

Du hast dein Zuhause in den letzten Tagen und Wochen von überflüssigen Dingen befreit. Vielleicht bist du dabei über Gegenstände gestolpert, von denen du gar nicht mehr wusstest, dass du sie überhaupt besitzt, geschweige denn, wo die einmal herkamen.

Damit die neue Klarheit nicht wieder verloren geht und alles so wunderbar minimalistisch und strukturiert bleibt, ist es wichtig, dass du zum strengen Hüter deiner Tür wirst. Sei kritisch, wen oder was du hineinlässt.

Alles, was dein Leben nicht bereichert, bleibt in Zukunft besser draußen. Dazu gehört zum Beispiel überflüssiges Plastik. Vermeide es, wo es dir möglich ist. Es ist schlecht für dich und für die Umwelt.

ÜBUNG: PLASTIK-FASTEN

Probiere einmal eine Woche lang, konsequent auf Plastik zu verzichten. Beim Einkaufen im konventionellen Supermarkt ist es teilweise nicht einfach, Produkte ohne Plastik-Umverpackungen einzukaufen. Aber auch hier bieten immer mehr Läden die Möglichkeit, Mehrwegverpackungen zu verwenden – sowohl beim Gemüse und Obst als auch an der Käse- und Fleischtheke.

Notiere dir hier die Adresse von dem Unverpackt-Laden in deiner Nähe mit den Öffnungszeiten:

Eine weitere tolle Möglichkeit ist das Einkaufen auf dem Wochenmarkt. Hier bekommst du Obst und Gemüse ohne überflüssige Umverpackungen. Viele lose Waren kannst du dir in deine mitgebrachten Behälter abfüllen lassen. Die Verkäufer dürfen deine Dosen und Gläser aus Hygienegründen nicht auf ihre Seite des Marktstandes nehmen, aber du darfst deine Behälter auf die Theke stellen und dort mit Köstlichkeiten befüllen lassen.

Welche Wochenmärkte gibt es bei dir in der Umgebung und wie sind die Öffnungszeiten?

DIE TOP-10-TIPPS, UM PLASTIK ZU REDUZIEREN

1 **FESTE SEIFE**
Feste Seife ersetzt herkömmliches Duschgel oder Shampoo in Plastikflaschen.

2 **TRINKFLASCHE**
Mit einer Flasche aus Stahl oder Glas kannst du dir Leitungswasser abfüllen und trinken, statt Wasser aus (Plastik-)Flaschen zu kaufen.

3 **WASCHBARE TÜCHER**
Mit Pflanzenölen getränkte Tücher ergeben waschbare Feucht- oder Abschminktücher.

4 **JUTEBEUTEL**
Bereite dich ein wenig vor und nimm deinen eigenen Beutel und Behälter mit.

5 **STAHLSTROHHALM**
Bestelle im Restaurant den Strohhalm und die Papierserviette ab. Als Profi kannst du dir deinen eigenen Stahl- oder Glastrinkhalm (zum Beispiel von halm.co) mitbringen.

6 **UNVERPACKT-LADEN**
Erledige deine Einkäufe im Unverpackt-Laden in deiner Nähe und/oder auf Märkten.

7 **BROTDOSE**
Investiere in ein gute Brotdose aus Stahl (zum Beispiel über Avocadostore.de).

8 **REINIGER**
Stelle deinen eigenen Reiniger her. Zum Beispiel nach dem Rezept auf Seite 36.

9 **KOCHEN**
Probiere neue Rezepte aus und koche selbst mit frischen, unverpackten Zutaten.

10 **REFILL-BECHER**
Besorge dir einen Becher mit Deckel zum Wiederbefüllen anstelle des Coffee-to-go-Bechers.

PRAXIS

MINIMALISMUS AUF DEM TELLER

Während deiner Reise zum Minimalismus hast du deinen Kühlschrank und die Vorratsschränke aussortiert. In diesem Zusammenhang darfst du auch deine Essgewohnheiten und die Qualität deiner Mahlzeiten reflektieren. Tut dein Essen dir gut? Gibt es dir Energie? Nimmst du dir Zeit zum Essen? Genießt du die Gerichte?

ÜBUNG:

Entrümple deine Essgewohnheiten und Zutaten, indem du dir eine Woche lang deine Mahlzeiten selbst zubereitest. Verwende dazu viele frische und unverarbeitete Produkte. Ein einfacher Weg, um deinen Speiseplan zu bereichern, sind Wildkräuter. Auf der nächsten Seite findest du Inspiration zu dem Thema. Vielleicht möchtest du zusätzlich auf Industriezucker, Alkohol oder tierische Produkte verzichten, um herauszufinden, ob es dein Leben bereichert.

Plane gesunde Mahlzeiten und Snacks für die ganze Woche. Tipp: Du kannst auch Freunde zum Kochen einladen – zusammen macht gutes Essen noch mehr Spaß.

	FRÜHSTÜCK	MITTAGESSEN	ABENDESSEN	SNACK
MONTAG				
DIENSTAG				
MITTWOCH				
DONNERSTAG				
FREITAG				
SAMSTAG				
SONNTAG				

WILDPFLANZEN

Einfach leben bedeutet auch, mit dem glücklich zu sein, was da ist. Oder überhaupt wieder zu entdecken, von welchem Reichtum wir umgeben sind. Die Natur hält zum Beispiel in jedem Winkel essbare Pflanzen bereit, die völlig zu Unrecht als Unkraut abgetan werden. Wildpflanzen sind echte Superfoods und können deine Ernährung und Gesundheit bereichern.

! **Tipp:** *Sammle nur Wildpflanzen, die du sicher bestimmen kannst. Pflücke immer nur höchstens ein Drittel der vorhandenen Pflanzen von einer Stelle. Wähle zum Pflücken Orte, die sich abseits von Straßen befinden. Wasche die Pflanzen und verwende sie so frisch wie möglich.*

Probiere doch einmal eine dieser drei Wildpflanzen – zum Beispiel in einem Smoothie. Viel Spaß beim Sammeln!

BRENNNESSEL

Die Brennnessel kennt wahrscheinlich jeder. Hautkontakt mit der Unterseite der Blätter führt zu brennenden Schmerzen, denen die Pflanze ihren Namen verdankt. Die brennenden Nesselhaare können jedoch durch kochen, zerhäckseln und walken unschädlich gemacht werden. Die Blätter und Triebe können in Smoothies, Suppen, Salaten, als Gemüse in Gerichten, in Tees, in Brotaufstrichen oder wie Spinat verwendet werden. Die Samen sind sehr eiweißreich und schmecken zum Beispiel gut im Müsli. Brennnessel ist reich an Vitaminen und Mineralien und wirkt unter anderem entwässernd, harntreibend und blutreinigend.

GÄNSEBLÜMCHEN

Das Gänseblümchen kennt und erkennt jedes Kind. Nur wenige wissen, dass sie es essen können. Die Blüten haben einen frischen, leicht nussigen Geschmack und eignen sich daher gut als Zugabe zu Gerichten oder auch als Dekoration für Süßspeisen. Die Pflanze versorgt uns mit vielen wertvollen Mineralien, Bitterstoffen und den Vitaminen A, C und E. Das Gänseblümchen ist auch eine Heilpflanze und wirkt blutreinigend, krampflösend und schmerzstillend.

GIERSCH

Auch Giersch, erkennbar am dreieckigen Stiel und doppelt dreizählig oder zweifach gegliederten Blättern, ist zu Unrecht als Unkraut verschrien. Die Wildpflanze hat einen würzigen, leicht säuerlichen Geschmack und eignet sich daher hervorragend für Salate, Suppen oder als Gemüsebeilage. Giersch findest du an Wegrändern und in Wäldern. Er enthält Vitamin C und Carotin und wirkt entzündungshemmend, entwässernd und verdauungsfördernd.

! **Tipp:** *Bei einer geführten Wildkräutersammlung lernst du viele weitere essbare Wildpflanzen in deiner Umgebung kennen.*

NICHT-EINKAUFSLISTE

Notiere dir hier alle Dinge, von denen du meinst, sie dringend zu benötigen, oder die du dir schon seit langer Zeit wünschst. Versuche die Käufe erst einmal ein wenig hinauszuzögern, und prüfe, ob es auch Alternativen zum Kaufen gibt. Kannst du dir die Dinge auf anderen Wegen organisieren, zum Beispiel leihen, selbst bauen, ertauschen oder Ersatz finden? Beim Einkaufen kannst du versuchen, regional, saisonal und fair zu kaufen. Denk immer dran: Jeder Kassenbon ist ein Stimmzettel und du entscheidest damit darüber, welche Firmen und Produkte es geben soll.

Schreibe dir einen Nicht-Einkaufszettel:

DATUM	SACHE	NICHT GEKAUFT
2. März 2019	Fondue-Set	von den Nachbarn geliehen

PRAXIS

KONSUMPAUSE

Wann ist das eigentlich so selbstverständlich geworden, dass fast jede Verabredung mit Konsum zusammenhängt? Zusammen einen Kaffee trinken gehen, etwas essen gehen oder in den neuen Kinofilm – gemeinsames Konsumieren spielt eine große Rolle in unserer Gesellschaft. Lass dich auf das Experiment ein und verabrede dich bewusst konsumfrei.

Plane konkrete Aktivitäten mit lieben Menschen, die NICHT mit Konsum verbunden sind. In dem Kasten findest du einige Anregungen.

WAS	MIT WEM	WANN

spazieren gehen · Wildkräuter sammeln · Rollschuh laufen · auf dem Hausdach sitzen · Radtour · ein Nachmittag in der Bibliothek · schwimmen im See · den Sonnenuntergang anschauen · ein Radiokonzert hören · zusammen backen · Klamottentauschparty · basteln · Musik machen · reden, bis alles gesagt ist· Karten spielen · Heimkino · Geschichten erzählen

FINANZIELLE KLARHEIT

Gehst du mit deinem Geld achtsam um? Weißt du genau, wofür du es ausgibst, wo dein Geld jeden Monat hinfließt? Geld ist auch nur eine Form von Energie, die du bekommst und an andere weitergibst. Vielleicht hast du auch die Möglichkeit, durch deinen neuen minimalistischeren Lebensstil Geld einzusparen und im Umkehrschluss weniger zu arbeiten oder dir besondere Wünsche zu erfüllen, wie zu reisen oder biologische Lebensmittel zu kaufen. Reduzierte Fixkosten bedeuten in jedem Fall mehr Gestaltungsspielraum und Freiheit. Mach es zu deiner Gewohnheit, ein Haushaltsbuch zu führen. Du kannst es in analoger Form direkt auf dieser Seite beginnen und als klassisches Buch (z. B. Kakebo) oder digital (z. B. mit der App Wally) weiterführen. So bekommst du finanzielle Klarheit und kannst deine Ausgaben reduzieren und optimieren.

Schau einmal genau hin und notiere dir hier deine monatlichen Fixkosten und die laufenden Ausgaben:

	MONAT	MONAT	MONAT
Miete			
Nebenkosten			
Strom			
Krankenversicherung			
Versicherungen			
Telefon			
Internet			
Transport			
Haushaltswaren			
Lebensmittel			
Essengehen			
Ausgehen			
Eintrittsgelder			
Sport			
Kleidung			
Gesundheit			
Bildung			
Geschenke			
Reisen			
Spenden			
Sonstiges			
Ausgaben insgesamt:			

PRAXIS

FIXKOSTEN REDUZIEREN

Du bezahlst nicht mit Geld, sondern mit der Zeit, die du brauchst, um das Geld zu verdienen. Behalte deinen Stundenlohn immer im Kopf, bevor du eine Ausgabe tätigst, und stell dir vor, wie lange du für diesen Kauf genau arbeiten musst.

Je geringer deine Fixkosten sind, desto größer ist deine Freiheit. Überprüfe deine Verträge und Anbieter kritisch. Passen deine Verträge und Abos überhaupt noch zu dir? Benötigst und benutzt du sie? Welche Verträge möchtest du zur nächsten Gelegenheit kündigen und auflösen? Welche Verträge möchtest du kündigen und zu einem günstigeren, fairen und grünen Anbieter wechseln?

Trage in die Liste alle laufenden Verträge (Handy, Strom, Versicherungen, Fitness ...), Abos und Kredite ein sowie die dazugehörigen Vertragsnummern. Notiere dir hier deine aktuellen Anbieter und die nächstmöglichen Kündigungstermine:

VERTRAG	VERTRAGSNUMMER	KÜNDIGUNGSFRIST	KÜNDIGEN AM	WECHSELN ZU

PRAXIS

ORDENTLICH REDEN

Wir denken fast unaufhörlich. Jeder Mensch hat ca. 60.000 Gedanken am Tag. Du sprichst also in deinem Kopf permanent mit dir und auch über dich. Welche Worte verwendest du dabei? Bist du liebevoll, geduldig und wertschätzend mit dir? Redest du so, wie du mit deiner besten Freundin reden würdest?

Welche Worte, Begriffe und Formulierungen möchtest du im Umgang mit dir und anderen reduzieren?

PRAXIS

EMOTIONALE ORDNUNG

Nimm dir Zeit, um einmal über deine Beziehungen nachzudenken. Ist in dem Bereich alles übersichtlich, klar und geordnet? Oder gibt es Beziehungen – privat oder beruflich –, die dein Leben belasten, statt es zu bereichern? Vielleicht hast du nicht immer ehrlich gesagt, was du denkst, und möchtest das nachholen. Oder es gibt Menschen, die du verletzt hast, bei denen du dich entschuldigen möchtest. Gibt es jemanden aus deiner Vergangenheit, dem du noch nicht vergeben hast? Möchtest du eine Beziehung ganz loslassen? Schau dir den Bereich in deinem Leben an und schaffe Ordnung. Für die klärenden Gespräche kannst du das Prinzip der gewaltfreien Kommunikation von Dr. Marshall B. Rosenberg anwenden, das auf der nächsten Seite kurz vorgestellt wird.

Notiere dir hier die Personen, mit denen du etwas in Ordnung bringen möchtest:

WER	WAS	WANN

AUFGERÄUMT KOMMUNIZIEREN

Zwischenmenschliche Beziehungen sind komplex und ein Bereich, in dem es leicht zu Missverständnissen kommen kann. Wenn wir unsere Wünsche, Bedürfnisse und unser Feedback nicht klar kommunizieren, kann es schnell chaotisch werden.
Die gewaltfreie Kommunikation (GFK) nach Dr. Marshall B. Rosenberg ist eine wertschätzende, verbindende und empathische Kommunikation ohne Urteile und Bewertungen. Sie wird daher auch die Sprache des Herzens genannt. Mit vier einfachen Schritten kannst du die Kommunikation mit deinen Mitmenschen, Freunden, Kollegen oder deinem Partner verbessern.

4 Schritte für eine aufgeräumte und wertschätzende Kommunikation:

Beispiel: Dein Partner hatte versprochen, den Müll rauszubringen, aber hat dies nicht getan.

1. **WAHRNEHMUNG NEUTRAL SCHILDERN** → *Ich sehe, dass der Müll im Flur steht.*
   Schildere völlig neutral und wertfrei die Situation, die gerade dein Wohlbefinden beeinträchtigt.

2. **GEFÜHLE ÄUSSERN** → *Das macht mich traurig und ich bin etwas enttäuscht.*
   Benenne deine Gefühle, die durch diese Situation ausgelöst wurden.

3. **BEDÜRFNIS ÄUSSERN** → *Mir ist Ordnung in unserem Zuhause sehr wichtig.*
   Erkenne dein Bedürfnis hinter den Gefühlen und benenne es.

4. **BITTE FORMULIEREN** → *Bitte bring in Zukunft den Müll raus, wenn du es versprichst.*
   Bitte dein Gegenüber um eine konkrete Handlung.

Mit gewaltfreier Kommunikation nimmst du den Druck aus der Situation. Du äußerst dich klar, aufgeräumt und ohne Vorwürfe. Damit vermeidest du Missverständnisse und Stress, denn viele Menschen reagieren schnell gereizt, wenn man ihnen mit einem Vorwurf begegnet.

! **Tipp:** *Bereite dich auf deine geplanten Gespräche im Vorfeld mit den vier Schritten vor.*

PRAXIS

DER WERT VON ZEIT

Das Kostbarste, das du besitzt, ist deine Zeit. Wofür nutzt du deine Zeit? Liste in der linken Spalte auf, womit du aktuell deine Tage verbringst, und in der rechten Spalte, womit du dich gerne beschäftigen würdest. Was macht dir richtig viel Spaß? Bei welchen Tätigkeiten verfliegen Stunden in Sekunden? Wie ausgewogen ist der Verhältnis zwischen den Dingen, die du machen musst, und denen, die du machen möchtest?

Sortiere deine Beschäftigungen danach, wie häufig du ihnen aktuell nachgehst bzw. gerne nachgehen würdest.

DAMIT VERBRINGE ICH MEINE ZEIT	DAMIT WÜRDE ICH MICH GERNE BESCHÄFTIGEN

Wenn deine Listen noch nicht übereinstimmen, notiere dir hier drei Ideen und konkrete Ansätze, wie du das ändern kannst:

1

2

3

PRODUKTIVITÄT

Beschäftigt zu sein wird in unserer Gesellschaft extrem glorifiziert und gefeiert. Die To-do-Liste ist dabei oft viel länger als die Want-to-do-Liste. Je größer der Berg an unerledigten Aufgaben ist, desto größer ist auch die Gefahr, sich zu verzetteln oder am Ende sogar zu kapitulieren. Jede unerledigte Aufgabe bindet Aufmerksamkeit und Kapazitäten – auch wenn du dich gar nicht aktiv damit beschäftigst. Achtsamer Minimalismus hilft dir dabei, den Berg an Aufgaben zu überschauen und effizient zu reduzieren. Die folgenden Tipps und Techniken unterstützen dich, die Produktivität zu erhöhen und deine Liste entspannt zu entrümpeln.

1 **MORGENROUTINE**
Mit einer guten Morgenroutine (Seite 136) schaffst du die perfekte Grundlage, um dich im Anschluss ruhig und konzentriert deinen Aufgaben widmen zu können.

2 **PRIORITÄTEN SETZEN**
Überlege dir genau, welche Tätigkeiten wirklich wichtig sind und dringend erledigt werden müssen. Gestalte deine Liste so, dass du dir realistische Ziele für den Tag setzt.

3 **ISS DEN FROSCH**
Bei dieser Methode geht es darum, sich den wichtigsten Aufgaben gleich am Anfang des Tages mit voller Energie zu widmen – auch wenn sie zunächst unangenehm oder schwierig wirken.

4 **KLEINE SCHRITTE**
Brich jede Aufgabe auf kleine Unterschritte runter, die nötig sind, um das Ziel zu erreichen. Achte darauf, dass du konkrete Handlungen formulierst.

5 **FOKUS**
Die Wahrheit ist: Unser Gehirn ist gar nicht in der Lage, mehrere Dinge gleichzeitig zu verarbeiten. Konzentriere dich daher nur auf eine einzige Aufgabe zur Zeit.

6 **PAUSEN**
Plane regelmäßige Pausen ein und trinke ausreichend Wasser oder ungesüßte Tees. Wenn du am Schreibtisch arbeitest, kannst du gerne zwischendurch ein wenig Bewegung einbauen.

ZIELE ERREICHEN

Übung: Notiere dir die drei wichtigsten Aufgaben und brich diese auf die konkreten Zwischenschritte runter, die dich schnell zum Ziel führen.

1 AUFGABE:

-
-
-
-

2 AUFGABE:

-
-
-
-

3 AUFGABE:

-
-
-
-

PRAXIS

FÜNF HERZENSMENSCHEN

Du bist der Durchschnitt der fünf Menschen, mit denen du die meiste Zeit verbringst. Der Peergroup-Effekt belegt, dass Menschen ihre Meinungen sowie Verhaltens- und Denkweisen kopieren. Such dir deine Freunde beziehungsweise die Menschen, mit denen du viel Zeit verbringst, also gut aus, denn du wirst so werden wie sie.

Liste links die fünf Personen auf, mit denen du aktuell am meisten Zeit verbringst. Von eins am häufigsten bis fünf absteigend. Auf der rechten Seite kannst du aufschreiben, mit welchen fünf Menschen du am liebsten deine Zeit verbringen würdest.

	IST-ZUSTAND	WUNSCH-ZUSTAND
1		
2		
3		
4		
5		

Wunderbar, wenn deine beiden Listen miteinander übereinstimmen. Wenn dies noch nicht der Fall ist, kannst du prüfen, wie du langfristig ein besseres Gleichgewicht herstellen kannst. Lass dich zum Beispiel auf Seite 53 inspirieren und plane spontan eine konsumfreie Verabredung mit deinen Lieblingsmenschen.

Notiere dir konkrete Ideen, wie du mehr Zeit mit den Menschen verbringen kannst, die dir besonders viel bedeuten.

ANGST

Viele Menschen halten an Dingen, Menschen und Gewohnheiten fest, obwohl sie ihnen nicht guttun und ihr Leben nicht bereichern. Zu groß ist die Angst vor Veränderung und Verlusten. Tatsächlich hindert uns dieses Festhalten nur daran, unser wahres Potenzial zu entfalten und die beste Version von uns selbst zu werden. In dem Moment, in dem du dich mit deinen Ängsten wirklich auseinandersetzt, verlieren sie oft schon ihren Schrecken. Denn in der Realität treten 98 Prozent der Dinge, um die wir uns Sorgen machen, niemals ein. Wenn du es schaffst, deine Ängste loszulassen, werden viel Kraft und Energie frei, die du für positive Dinge verwenden kannst.
Hab Vertrauen in dich und das Leben!

Schreibe deine drei größten Ängste und Sorgen auf. Überlege dir die möglichen Konsequenzen und frage dich: Was ist das Schlimmste, das passieren kann? Notiere dir Lösungsansätze.

1	ANGST	
	KONSEQUENZ	
	LÖSUNG	

2	ANGST	
	KONSEQUENZ	
	LÖSUNG	

3	ANGST	
	KONSEQUENZ	
	LÖSUNG	

Notizen

Ideen

Die meisten Menschen überschätzen, was sie an einem Tag schaffen können, und unterschätzen, was sie in einem Jahr schaffen können.

WAHRHEIT

TEIL3 – MINIMALISMUS- UND DANKBARKEITS-TAGEBUCH

DEIN TAGEBUCH

365 TAGE

Beim Minimalismus geht es nicht darum, besonders wenig zu besitzen. Es geht darum, genau die richtigen Dinge im Leben zu haben und dafür dankbar zu sein. Alles Überflüssige darf losgelassen werden. Um diese Lebenseinstellung zu üben und zu kultivieren, gibt es in diesem Praxis-Coach ein Minimalismus- und Dankbarkeitstagebuch mit 52 undatierten Wochenblättern. Du kannst also jederzeit beginnen und sowohl Loslassen als auch Dankbarkeit zu deiner täglichen Routine werden lassen. Jede Seite beginnt mit einer Aufgabe oder einem inspirierenden Zitat, das dich durch die Woche begleitet. Die Seiten haben jeweils zwei Spalten, in denen du täglich eintragen kannst, von welchen Dingen du dich verabschiedet hast und für welche Dinge du dankbar bist. Das Ziel ist es, alle Dinge loszulassen, die dein Leben nicht bereichern, und dadurch Zeit, Raum und Aufmerksamkeit für die Dinge zu schaffen, die dir guttun.

ABSCHIEDSTAGEBUCH

In diesem Abschiedstagebuch hast du die Möglichkeit, ein Jahr lang zu dokumentieren, was du an dem jeweiligen Tag losgelassen hast. Das können unbenutzte oder ungeliebte Gegenstände, schlechte Angewohnheiten oder Beziehungen sein, die dir nicht guttun und die dein Leben nicht bereichern. Indem du dir die Zeit nimmst, die Dinge jeden Tag kurz in deinem Abschiedstagebuch zu notieren, erweist du ihnen die letzte Ehre, konservierst sie und kannst gleichzeitig damit abschließen.

DANKBARKEITSTAGEBUCH

Mit dem Dankbarkeitstagebuch trainierst und lenkst du deinen Blick auf die positiven und wertvollen Dinge in deinem Leben. Das können große und kleine Höhepunkte aus deinem Alltag sein: schöne Begegnungen, Erlebnisse, Gespräche, Abenteuer oder auch einfach mal die Freude über dein Lieblingslied im Radio.
Am Ende des Jahres hast du dir ein Archiv deiner persönlichen Höhepunkte des Jahres geschaffen, auf die du immer wieder stolz, glücklich und dankbar zurückblicken kannst.

HÖHEPUNKTE

Auf den Seiten 122 und 123 kannst du auf das Jahr zurückschauen und deine Erfahrungen und Höhepunkte noch einmal zusammenfassen. Mit Sicherheit hat sich nach einem Jahr sehr viel in deinem Zuhause und in deinem Leben verändert. Aber auch deine Denkweise und die Sicht auf die Dinge werden sich verändert haben. Dein Blick ist geschärft für die schönen, wichtigen und wertvollen Momente und Erlebnisse im Leben. Gleichzeitig bist du mit Sicherheit ein echter Profi im Loslassen geworden.

LOSLASSEN & LOSLEBEN

ABSCHIEDS-TAGEBUCH

INSPIRATION

DANKBAR-KEITSTAGE-BUCH

Erst nachdem wir alles verloren haben, haben wir die Freiheit, alles zu tun.

TYLER DURDEN, FILM „FIGHT CLUB"

Das habe ich losgelassen	Dafür bin ich dankbar	
Die blaue Tasse mit dem Sprung	Meine kleine, feine Wohnung	MO
Coffee-to-go-Becher und hab mir einen Refill-Becher gekauft	Dass ich den Vortrag gerockt habe	DI
Mit den Kollegen lästern	Das Telefonat mit Mama	MI
Den Spinning-Kurs, hab´s immer gehasst	Meine erste Yoga-Stunde	DO
7 einzelne Socken	Die Luft nach dem Regen – Frühling liegt in der Luft	FR
Stumpfes Serien-bingen	Dass ich den Film aussuchen durfte	SA
Einen Stapel Zeitungen	Frühstück im Bett	SO

Woche: __/__/20__ bis __/__/20__

DATUM

INSPIRATION DER WOCHE

WARUM?

Finde dein Warum. Welches Leben möchtest du dir mit dem minimalistischen Lebensstil erschaffen? Seite 12.

	Das habe ich losgelassen	Dafür bin ich dankbar
MO		
DI		
MI		
DO		
FR		
SA		
SO		

Woche: __/__/20__ bis __/__/20__

Erst nachdem wir alles verloren haben, haben wir die Freiheit, alles zu tun.

TYLER DURDEN, FILM „FIGHT CLUB"

Das habe ich losgelassen	Dafür bin ich dankbar	
		MO
		DI
		MI
		DO
		FR
		SA
		SO

Woche: __/__/20__ bis __/__/20__

INSPIRATION DER WOCHE

REDUZIEREN

Befreie dich von allen überflüssigen Dingen, Gewohnheiten und Lasten, die dein Leben nicht bereichern. Seite 13.

	Das habe ich losgelassen	Dafür bin ich dankbar
MO		
DI		
MI		
DO		
FR		
SA		
SO		

Woche: __/__/20__ bis __/__/20__

Lerne loszulassen, das ist der Schlüssel zum Glück.

SIDDHARTHA GAUTAMA, BEGRÜNDER DES BUDDHISMUS

Das habe ich losgelassen	Dafür bin ich dankbar	
		MO
		DI
		MI
		DO
		FR
		SA
		SO

Woche: __/__/20__ bis __/__/20__

INSPIRATION DER WOCHE

WOHLFÜHLZAHL

Wie viele Dinge möchtest du loslassen, um deine persönliche Wohlfühlzahl an Besitztümern zu erreichen? Seite 14.

	Das habe ich losgelassen	Dafür bin ich dankbar
MO		
DI		
MI		
DO		
FR		
SA		
SO		

Woche: __/__/20__ bis __/__/20__

Wie viele Dinge es doch gibt, die ich nicht brauche.

SOKRATES, GRIECHISCHER PHILOSOPH

Das habe ich losgelassen	Dafür bin ich dankbar	
		MO
		DI
		MI
		DO
		FR
		SA
		SO

Woche: __/__/20__ bis __/__/20__

INSPIRATION DER WOCHE

KLARHEIT

Behalte nur die Dinge, die etwas Positives in dir auslösen.
Alles andere darfst du loslassen. Seite 15.

	Das habe ich losgelassen	Dafür bin ich dankbar
MO		
DI		
MI		
DO		
FR		
SA		
SO		

Woche: __/__/20__ bis __/__/20__

Wer weniger besitzt, wird weniger besessen.

FRIEDRICH NIETZSCHE, PHILOLOGE UND PHILOSOPH

Das habe ich losgelassen	Dafür bin ich dankbar	
		MO
		DI
		MI
		DO
		FR
		SA
		SO

Woche: __/__/20__ bis __/__/20__

INSPIRATION DER WOCHE

TRAUMREISE

Ein minimalistischer Lebensstil lässt dich erkennen, welche Werte dir wichtig sind. Seite 16.

	Das habe ich losgelassen	Dafür bin ich dankbar
MO		
DI		
MI		
DO		
FR		
SA		
SO		

Woche: __/__/20__ bis __/__/20__

Einfachheit. Identifiziere das Wesentliche. Eliminiere den Rest.

LEO BABAUTA, AUTOR

Das habe ich losgelassen	Dafür bin ich dankbar	
		MO
		DI
		MI
		DO
		FR
		SA
		SO

Woche: __/__/20__ bis __/__/20__

INSPIRATION DER WOCHE

ZIELCOLLAGE

Passen deine Prioritäten und dein aktuelles Lebensmodell zu der Vision von deinem Leben? Seite 17.

	Das habe ich losgelassen	Dafür bin ich dankbar
MO		
DI		
MI		
DO		
FR		
SA		
SO		

Woche: __/__/20__ bis __/__/20__

Karriere ist etwas Herrliches, aber man kann sich nicht in einer kalten Nacht an ihr wärmen.

MARILYN MONROE, SCHAUSPIELERIN

Das habe ich losgelassen	Dafür bin ich dankbar	
		MO
		DI
		MI
		DO
		FR
		SA
		SO

Woche: __/__/20__ bis __/__/20__

INSPIRATION DER WOCHE

WÜNSCHE

Du bist der Erschaffer deiner Realität. Täglich entscheidest du, wovon du mehr oder weniger haben möchtest. Seite 18.

	Das habe ich losgelassen	Dafür bin ich dankbar
MO		
DI		
MI		
DO		
FR		
SA		
SO		

Woche: __/__/20__ bis __/__/20__

Wirklich reich ist, wer mehr Träume in seiner Seele hat, als die Realität zerstören kann.

HANS KRUPPA, DICHTER UND SCHRIFTSTELLER

Das habe ich losgelassen	Dafür bin ich dankbar	
		MO
		DI
		MI
		DO
		FR
		SA
		SO

Woche: __/__/20__ bis __/__/20__

INSPIRATION DER WOCHE

4 SCHRITTE

Loslassen, leicht gemacht – die vier Schritte zeigen dir den Weg zu einem minimalistischen Lebensstil. Seite 24 bis 25.

	Das habe ich losgelassen	Dafür bin ich dankbar
MO		
DI		
MI		
DO		
FR		
SA		
SO		

Woche: __/__/20__ bis __/__/20__

Jeder Mensch sucht nach Halt.
Dabei liegt der einzige Halt im Loslassen.

HAPE KERKELING, KOMIKER UND AUTOR

Das habe ich losgelassen	Dafür bin ich dankbar	
		MO
		DI
		MI
		DO
		FR
		SA
		SO

Woche: __/__/20__ bis __/__/20__

INSPIRATION DER WOCHE

DEIN KLEIDERSCHRANK

Eine minimalistische Garderobe besteht nur noch aus absoluten Lieblingsteilen.
Seite 30.

	Das habe ich losgelassen	Dafür bin ich dankbar
MO		
DI		
MI		
DO		
FR		
SA		
SO		

Woche: __/__/20__ bis __/__/20__

Einfachheit ist der Schlüssel jeder wahren Eleganz.

COCO CHANEL, MODEDESIGNERIN

Das habe ich losgelassen	Dafür bin ich dankbar	
		MO
		DI
		MI
		DO
		FR
		SA
		SO

Woche: __/__/20__ bis __/__/20__

INSPIRATION DER WOCHE

ENTSCHEIDUNGSHILFE

Am Anfang fällt das Loslassen oft noch ein bisschen schwer. Die richtigen Fragen helfen.
Seite 31.

	Das habe ich losgelassen	Dafür bin ich dankbar
MO		
DI		
MI		
DO		
FR		
SA		
SO		

Woche: __/__/20__ bis __/__/20__

Soll ich's wirklich machen oder lass ich's lieber sein?

SONGTEXT „JEIN“, FETTES BROT

Das habe ich losgelassen	Dafür bin ich dankbar	
		MO
		DI
		MI
		DO
		FR
		SA
		SO

Woche: __/__/20__ bis __/__/20__

INSPIRATION DER WOCHE

WOHNEN

Dein Zuhause ist deine Insel und dein Hafen. Hier darfst du dich geborgen fühlen und zur Ruhe kommen. Seite 37.

	Das habe ich losgelassen	Dafür bin ich dankbar
MO		
DI		
MI		
DO		
FR		
SA		
SO		

Woche: __/__/20__ bis __/__/20__

Habe nichts in deinem Haus, von dem du nicht glaubst, dass es nützlich oder schön ist.

WILLIAM MORRIS, MALER, DESIGNER UND SCHRIFTSTELLER

Das habe ich losgelassen	Dafür bin ich dankbar	
		MO
		DI
		MI
		DO
		FR
		SA
		SO

Woche: __/__/20__ bis __/__/20__

INSPIRATION DER WOCHE

CHECKLISTE

Mit ein bisschen Übung wird das Loslassen immer leichter. Entrümple alle Bereiche deines Lebens. Seite 43 bis 46.

	Das habe ich losgelassen	Dafür bin ich dankbar
MO		
DI		
MI		
DO		
FR		
SA		
SO		

Woche: __/__/20__ bis __/__/20__

Das Aussortieren des Unwesentlichen ist der Kern aller Lebensweisheit.

LAOZI, CHINESISCHER PHILOSOPH

Das habe ich losgelassen	Dafür bin ich dankbar	
		MO
		DI
		MI
		DO
		FR
		SA
		SO

Woche: __/__/20__ bis __/__/20__

INSPIRATION DER WOCHE

KONSUMPAUSE

Verabrede dich einmal, ohne etwas zu konsumieren. Jeder bringt etwas Wertvolles mit: seine Zeit.
Seite 53.

	Das habe ich losgelassen	Dafür bin ich dankbar
MO		
DI		
MI		
DO		
FR		
SA		
SO		

Woche: __/__/20__ bis __/__/20__

Meine liebsten Dinge im Leben sind kostenlos. Es ist wirklich klar, dass die kostbarste Ressource, die wir alle haben, die Zeit ist.

STEVE JOBS, UNTERNEHMER

Das habe ich losgelassen	Dafür bin ich dankbar	
		MO
		DI
		MI
		DO
		FR
		SA
		SO

Woche: __/__/20__ bis __/__/20__

INSPIRATION DER WOCHE

FINANZIELLE KLARHEIT

Geld ist Zeit. Weißt du eigentlich genau, wofür du dein Geld ausgibst? Seite 54.

	Das habe ich losgelassen	Dafür bin ich dankbar
MO		
DI		
MI		
DO		
FR		
SA		
SO		

Woche: __/__/20__ bis __/__/20__

Zu viele Leute geben Geld aus, das sie nicht verdient haben, um Dinge zu kaufen, die sie nicht wollen, um Leute zu beeindrucken, die sie nicht mögen.

WILL ROGERS, HUMORIST

Das habe ich losgelassen	Dafür bin ich dankbar	
		MO
		DI
		MI
		DO
		FR
		SA
		SO

Woche: __/__/20__ bis __/__/20__

INSPIRATION DER WOCHE

FIXKOSTEN REDUZIEREN

Weniger finanzielle Verpflichtungen bedeuten mehr Freiheit. Schau, worauf du verzichten kannst.
Seite 55.

	Das habe ich losgelassen	Dafür bin ich dankbar
MO		
DI		
MI		
DO		
FR		
SA		
SO		

Woche: __/__/20__ bis __/__/20__

Sparsamkeit ist eine gute Einnahme.

CICERO, RÖMISCHER POLITIKER UND PHILOSOPH

Das habe ich losgelassen	Dafür bin ich dankbar	
		MO
		DI
		MI
		DO
		FR
		SA
		SO

Woche: __/__/20__ bis __/__/20__

INSPIRATION DER WOCHE

ZEIT

Jede Sekunde ist kostbar und kommt nie wieder. Als Minimalist hast du mehr Zeit für die wichtigen Dinge. Seite 59.

	Das habe ich losgelassen	Dafür bin ich dankbar
MO		
DI		
MI		
DO		
FR		
SA		
SO		

Woche: __/__/20__ bis __/__/20__

Denkt an das fünfte Gebot: Schlagt eure Zeit nicht tot.

ERICH KÄSTNER, SCHRIFTSTELLER

	Das habe ich losgelassen	Dafür bin ich dankbar
MO		
DI		
MI		
DO		
FR		
SA		
SO		

Woche: __/__/20__ bis __/__/20__

INSPIRATION DER WOCHE

ÄNGSTE

Wenn es dir gelingt, dich von deinen Ängsten und Sorgen zu befreien, bist du wirklich frei.
Seite 63.

	Das habe ich losgelassen	Dafür bin ich dankbar
MO		
DI		
MI		
DO		
FR		
SA		
SO		

Woche: __/__/20__ bis __/__/20__

Halte dir jeden Tag dreißig Minuten für deine Sorgen frei, und in dieser Zeit mache ein Nickerchen.

ABRAHAM LINCOLN, EHEMALIGER US-PRÄSIDENT

Das habe ich losgelassen	Dafür bin ich dankbar	
		MO
		DI
		MI
		DO
		FR
		SA
		SO

Woche: __/__/20__ bis __/__/20__

INSPIRATION DER WOCHE

GEWOHNHEITEN

Du bist die Summe der Dinge, die du immer wiederholst. Zeit, dir deine Gewohnheiten anzusehen. Seite 129.

	Das habe ich losgelassen	Dafür bin ich dankbar
MO		
DI		
MI		
DO		
FR		
SA		
SO		

Woche: __/__/20__ bis __/__/20__

Zukunft ist kein Schicksalsschlag, sondern die Folge der Entscheidungen, die wir heute treffen.

FRANZ ALT, JOURNALIST

Das habe ich losgelassen	Dafür bin ich dankbar	
		MO
		DI
		MI
		DO
		FR
		SA
		SO

Woche: __/__/20__ bis __/__/20__

INSPIRATION DER WOCHE

NEIN SAGEN

Sag nein zu Stress, Erwartungsdruck und Pflichtterminen. Mit jedem Nein gewinnst du Raum für ein Ja. Seite 130.

	Das habe ich losgelassen	Dafür bin ich dankbar
MO		
DI		
MI		
DO		
FR		
SA		
SO		

Woche: __/__/20__ bis __/__/20__

Ein voller Terminkalender ist noch lange kein erfülltes Leben.

KURT TUCHOLSKY, JOURNALIST UND SCHRIFTSTELLER

Das habe ich losgelassen	Dafür bin ich dankbar	
		MO
		DI
		MI
		DO
		FR
		SA
		SO

Woche: __/__/20__ bis __/__/20__

INSPIRATION DER WOCHE

NICHTSTUN

Verabrede dich mit dir selbst zum aktiven Nichtstun und nimm dir eine Auszeit vom Alltag.
Seite 131.

	Das habe ich losgelassen	Dafür bin ich dankbar
MO		
DI		
MI		
DO		
FR		
SA		
SO		

Woche: __/__/20__ bis __/__/20__

Auch die Pause gehört zur Musik.

STEFAN ZWEIG, ÖSTERREICHISCHER SCHRIFTSTELLER

Das habe ich losgelassen	Dafür bin ich dankbar	
		MO
		DI
		MI
		DO
		FR
		SA
		SO

Woche: __/__/20__ bis __/__/20__

INSPIRATION DER WOCHE

LERNEN

Durch den Minimalismus sparst du Zeit und Geld. Einen Teil davon kannst du in dich investieren. Seite 132.

	Das habe ich losgelassen	Dafür bin ich dankbar
MO		
DI		
MI		
DO		
FR		
SA		
SO		

Woche: __/__/20__ bis __/__/20__

Wer immer tut, was er schon kann, bleibt immer das, was er schon ist.

HENRY FORD, UNTERNEHMER

Das habe ich losgelassen	Dafür bin ich dankbar	
		MO
		DI
		MI
		DO
		FR
		SA
		SO

Woche: __/__/20__ bis __/__/20__

INSPIRATION DER WOCHE

REISEN

Von jeder Reise kommst du reicher zurück. Genieße die Freiheit, mit leichtem Gepäck zu reisen. Seite 134.

	Das habe ich losgelassen	Dafür bin ich dankbar
MO		
DI		
MI		
DO		
FR		
SA		
SO		

Woche: __/__/20__ bis __/__/20__

Die größte Sehenswürdigkeit, die es gibt, ist die Welt – sieh sie dir an.

KURT TUCHOLSKY, JOURNALIST UND SCHRIFTSTELLER

Das habe ich losgelassen	Dafür bin ich dankbar	
		MO
		DI
		MI
		DO
		FR
		SA
		SO

Woche: __/__/20__ bis __/__/20__

INSPIRATION DER WOCHE

MUT

Das hier ist nicht die Generalprobe deines Lebens. Sei mutig und lebe deine Träume.
Seite 135.

	Das habe ich losgelassen	Dafür bin ich dankbar
MO		
DI		
MI		
DO		
FR		
SA		
SO		

Woche: __/__/20__ bis __/__/20__

Seien wir realistisch,
versuchen wir das Unmögliche.

CHE GUEVARA, REVOLUTIONÄR

Das habe ich losgelassen	Dafür bin ich dankbar	
		MO
		DI
		MI
		DO
		FR
		SA
		SO

Woche: __/__/20__ bis __/__/20__

INSPIRATION DER WOCHE

ROUTINEN

Welche Routinen und Abläufe tun dir gut? Wie möchtest du in den Tag starten und ihn ausklingen lassen? Seite 136 und 137.

	Das habe ich losgelassen	Dafür bin ich dankbar
MO		
DI		
MI		
DO		
FR		
SA		
SO		

Woche: __/__/20__ bis __/__/20__

Ruhe, Stille, Sofa und eine Tasse Tee geht über alles.

THEODOR FONTANE, SCHRIFTSTELLER

Das habe ich losgelassen	Dafür bin ich dankbar	
		MO
		DI
		MI
		DO
		FR
		SA
		SO

Woche: __/__/20__ bis __/__/20__

INSPIRATION DER WOCHE

TEILEN

Teile deine Gefühle mit deinen Mitmenschen – es wird beide Seiten bereichern. Seite 138.

	Das habe ich losgelassen	Dafür bin ich dankbar
MO		
DI		
MI		
DO		
FR		
SA		
SO		

Woche: __/__/20__ bis __/__/20__

Glück ist das Einzige, das sich verdoppelt, wenn man es teilt.

ALBERT SCHWEITZER, FRIEDENSNOBELPREISTRÄGER

Das habe ich losgelassen	Dafür bin ich dankbar	
		MO
		DI
		MI
		DO
		FR
		SA
		SO

Woche: __/__/20__ bis __/__/20__

INSPIRATION DER WOCHE

SELBSTLIEBE

Die wichtigste Beziehung in deinem Leben ist die zu dir selbst. Schenke dir Liebe und Mitgefühl.
Seite 139.

	Das habe ich losgelassen	Dafür bin ich dankbar
MO		
DI		
MI		
DO		
FR		
SA		
SO		

Woche: __/__/20__ bis __/__/20__

Dein Wert liegt darin, wer du bist, nicht was du besitzt.

THOMAS ALVA EDISON, ERFINDER UND UNTERNEHMER

Das habe ich losgelassen	Dafür bin ich dankbar	
		MO
		DI
		MI
		DO
		FR
		SA
		SO

Woche: __/__/20__ bis __/__/20__

RÜCKBLICK

Herzlichen Glückwunsch – du kannst voller Stolz auf ein Jahr, erfüllt von Minimalismus und Dankbarkeit, zurückschauen. Hier hast du nun den Raum, um noch einmal zu reflektieren und das Jahr Revue passieren zu lassen.

Bei welchen Dingen fiel dir das Loslassen besonders schwer, auf welche Abschiede bist du stolz und welche Sache hast du keine einzige Sekunde vermisst?

DIE HÖHEPUNKTE AUS MEINEM ABSCHIEDSTAGEBUCH:	
JANUAR	
FEBRUAR	
MÄRZ	
APRIL	
MAI	
JUNI	
JULI	
AUGUST	
SEPTEMBER	
OKTOBER	
NOVEMBER	
DEZEMBER	

AUSBLICK

Du hast dich die letzten 365 Tage in Dankbarkeit geübt. Dankbarkeit ist mehr als eine Tugend – sie verändert deine Wahrnehmung und lässt dich die schönen Seiten des Lebens sehen. Plötzlich überwiegen nicht mehr die Dinge, die zu fehlen scheinen, sondern du fühlst dich reich und beschenkt.

Was sind die schönsten Erinnerungen aus deinem Dankbarkeitstagebuch? Trage hier die kleinen und großen Erinnerungen und Momente ein, die dein Leben bereichert haben.

DIE HÖHEPUNKTE AUS MEINEM DANKBARKEITSTAGEBUCH:	
JANUAR	
FEBRUAR	
MÄRZ	
APRIL	
MAI	
JUNI	
JULI	
AUGUST	
SEPTEMBER	
OKTOBER	
NOVEMBER	
DEZEMBER	

Notizen

Ideen

*Wir haben alle zwei Leben.
Das zweite beginnt, wenn wir realisieren,
dass wir nur eins haben.*

TOM HIDDLESTONE, BRITISCHER SCHAUSPIELER

TEIL 4 – MEHR

WILLKOMMEN AUF DER ANDEREN SEITE

DU HAST ES GESCHAFFT

Dank des Minimalismus hast du dich sozusagen selbst „entkernt". In den letzten Tagen und Wochen hast du dich von überflüssigen Dingen getrennt, losgelassen und hast dich selbst besser kennengelernt. Du kannst dir stolz auf die Schulter klopfen, dich vor dir verneigen und dir etwas von Seite 19 (Belohnungen) aussuchen.

MEHR

Vielleicht ist das Leben ja doch ein Wunschkonzert und alles wird so, wie du es dir wünschst. Probiere es doch gleich einmal aus und beginne zu träumen. Wovon möchtest du mehr in deinem Leben haben?

Wähle aus, was auf dich zutrifft, und ergänze eigene Punkte:

Sonnenaufgänge · Sinn · lachen · DIY · Ordnung ·
Nacktbaden · Stille · lernen · Kinder · Fehler machen dürfen ·
unter der Dusche singen · Ohm · kuscheln · Slowfood ·
Klarheit · Liebe · Muskelkater · Kuchen · Visionen · Herzensmenschen ·
verpackungsfrei einkaufen · Träumen · Zeit ·
unvergessliche Momente · Hundewelpen streicheln

Ich möchte mehr:

MEHR
GUTE GEWOHNHEITEN

Du bist das, was du regelmäßig machst – eine Summe deiner Gewohnheiten. Die Dinge, die du immer wiederholst, zeichnen dich aus.
Es dauert 21 Tage, bis ein neues Verhalten zur Gewohnheit oder Routine wird. Der Habit-Tracker hilft dir, deine Gewohnheiten zu checken, motiviert dich, am Ball zu bleiben und neue Routinen zu etablieren. Du kannst dir die Habit-Tracker-Vorlage auch runterladen unter: ***www.knesebeck-verlag.de/einfach_leben_der_praxis_coach/t-1/772***

Trage ein, an welchen Tagen du etwas Gutes für dich getan hast, und ergänze deine eigenen, positiven Gewohnheiten. Du kannst einfach ein Kreuz setzen oder das Kästchen mit einem Stift so weit ausmalen, wie es der Intensität entspricht, mit der du der Sache an dem entsprechenden Tag nachgegangen bist.
Beispiel: Wenn du dir an einem Tag eine Mahlzeit selbst zubereitet hast, kannst du ein Drittel des Kästchens ausmalen. Wenn du an dem Tag alle Mahlzeiten frisch zubereitet hast, würdest du das ganze Kästchen ausfüllen. Auf diese Art und Weise kannst du deine Gewohnheiten einfach dokumentieren.

MONAT: ____________________

GEWOHNHEITEN

TAG	1	2	3	4	5	6	7	8	9	10	11	12	13	14	15	16	17	18	19	20	21
Minimalismus-Prozess																					
Dankbarkeitstagebuch																					
Früh schlafen gehen																					
Viel Wasser trinken																					
Sport machen																					
Pünktlich Feierabend machen																					
Selbst kochen																					
Freunde treffen																					
Die Wahrheit sagen																					
Meditation																					
Anderen helfen																					
Morgenroutine																					
Abendroutine																					
Selbstliebe																					

MEHR

JASAGEN UND NOCH MEHR NEINSAGEN

Minimalismus hilft uns, die Prioritäten in unserem Leben zu erkennen. Der reduzierte Lebensstil unterstützt uns dabei, immer wieder zu entscheiden, was wirklich wichtig ist. Um diese Praxis zu vertiefen, lade ich dich ein, eine Woche bewusst „ja" und „nein" zu sagen. Einige Menschen haben große Schwierigkeiten damit, sich abzugrenzen und ihre Bedürfnisse in den Vordergrund zu stellen. Sie fühlen sich verpflichtet und verspüren Druck, viele Termine und Anfragen zuzusagen. Gleichzeitig ist ein klares „Nein" auch immer ein „Ja" für etwas anderes. Mit jedem „Nein" schaffst du dir einen Freiraum.

Übe dich darin, Dinge bewusst und ohne schlechtes Gewissen abzusagen oder aus voller Überzeugung zu bejahen. Was bereitet dir große Freude, wozu möchtest du „ja" sagen?

DAZU HABE ICH „NEIN" GESAGT	DAZU HABE ICH „JA" GESAGT

MEHR

NICHTSTUN

Müßiggang, Tagträumen, Meditieren, Entspannen, die Seele baumeln lassen oder einfach an die Wand starren – nenne es, wie du willst. Für den modernen Menschen von heute stellt das „süße Nichtstun" eine echte Herausforderung dar. Ständig locken Impulse, Nachrichten, Verabredungen und Aufgaben. Einige von uns haben schon regelrecht Angst davor, etwas zu verpassen. Das Phänomen Fear of Missing out kurz „FOMO" wird von den sozialen Netzwerken befeuert, ständig erleben andere dort scheinbar ein Abenteuer nach dem anderen. Als achtsamer Minimalist darfst du dir bewusst Pausen von dem System „höher, schneller und weiter" nehmen.

Verabrede dich mit dir selbst zum Nichtstun. Vermeide dabei alle Störungen und Einflüsse von außen. Schalte dein Handy lautlos und verzichte auf Musik, lesen, Internet, Fernsehen und Gespräche. Höre in dich rein und folge intuitiv deinen Bedürfnissen. Was tut dir gerade gut?

Plane jeden Tag Zeit ein, die nur dir ganz allein gehört. Schon eine kurze Auszeit von zehn Minuten kann dich bereichern. Notiere dir hier, wie du die Zeit wahrgenommen hast.

TERMIN	BEOBACHTUNG

MEHR
LERNEN

Sich inspirieren zu lassen und etwas Neues zu lernen ist die schönste Form des positiven Konsums, die sich mit einem minimalistischen Lebensstil sehr gut vereinbaren lässt.

Schreibe dir hier auf, was dir Spannendes über den Weg läuft und dein Interesse weckt. Welches Buch möchtest du unbedingt lesen, welche Ausstellung sehen, welches Rezept ausprobieren und welchen TED-Talk anhören?

WAS	WANN

MEHR

GESCHENKE

Minimalisten schenken bevorzugt „Zeit statt Zeugs". Lass dich inspirieren und notiere dir, wann du wem mit welcher Aufmerksamkeit oder welchem gemeinsamen Erlebnis eine Freude machen möchtest.

WER	WAS	WANN

Zeit · selbst gepflückte Kirschen · in der Sauna schwitzen ·
Kuchen nach Omas Rezept · einen Blumenstrauß vom Wegesrand ·
Geschichten am Lagerfeuer · ein offenes Ohr ·
Konzertbesuche mit Stagediven · dein Herz · Fußmassagen ·
Liebesbriefe – gerne auch an Eltern und Freunde ·
einen Töpferkurs · Fahrradtouren mit Picknick · zusammen zelten

Notiere dir hier weitere nicht materielle Geschenkideen ...

MEHR
REISEN

Beim Reisen merkst du besonders gut, wie wenig du wirklich brauchst, um glücklich zu sein. Je leichter dein Gepäck ist, desto größer ist auch die Freiheit. Hier kannst du alle nahen und fernen Traumziele festhalten, die du schon immer erkunden wolltest. Überlege dir ruhig auch schon genau, wer dich begleiten darf und in welchem Zeitraum ihr am liebsten reisen möchtet, dann könnt ihr direkt mit der Planung beginnen. Es muss auch nicht immer gleich die große Weltreise sein. Kleine, umweltfreundliche Ausflüge mit dem Rad, dem Zug oder zu Fuß können auch wunderbar entschleunigen und den Horizont erweitern.

Notiere dir hier, welche Orte und Ziele du entdecken möchtest.

ZIEL	ZEIT	MIT WEM?

MEHR
MUT

Was wolltest du schon immer einmal machen in deinem Leben? Wovon träumst du heimlich schon seit Jahren? Vielleicht willst du einen anderen Job anfangen, wegziehen, die große Liebe suchen? Bisher hat dir aber immer die Zeit, das Geld oder der Mut gefehlt. Trau dich – du lebst nur einmal.

Verabrede dich hier mit deiner Zukunft:

WAS	WARUM	WANN

MEHR

MORGENROUTINE

In deinem bisherigen Leben, ohne achtsamen Minimalismus, hattest du vielleicht keine Zeit für so was, aber jetzt darfst du dir einmal überlegen, wie dein perfekter Morgen aussieht. Ganz ohne Hetze, Coffee-to-go und überquellendes E-Mail-Postfach. Diese ersten Minuten des Tages sind heilige Zeit und gehören dir allein. Denn der Ablauf und Beginn deines Tages beeinflusst maßgeblich den weiteren Verlauf.

Lass dich inspirieren und notiere dir hier deine perfekte Morgenroutine:

Wann möchtest du aufstehen?

Frühstück im Bett · unter der Dusche singen · ohne Wecker aufwachen · Kuscheln · Meditation · eine Runde laufen · Sex · Wasser mit Zitrone · die Sonne aufgehen sehen · Yoga · Porridge · Stille · ein paar Gedanken auf Papier bringen · Wechselduschen · dem letzten Traum nachhängen · Pläne schmieden · aus dem Fenster schauen · in Ruhe Kaffee trinken · lesen · am Herzensprojekt arbeiten · Musik hören · „Ich liebe dich“ sagen

MEHR
ABENDROUTINE

Gönn dir eine schöne Abendroutine, um den Tag so zu beenden, wie du ihn begonnen hast: mit schönen Momenten, Ritualen und Abläufen, die dir guttun. Die Abendroutine lässt dich zur Ruhe kommen und sorgt dafür, dass du gut einschlafen kannst.

Lass dich inspirieren und notiere dir hier deine perfekte Abendroutine:

Wann möchtest du schlafen gehen?

spazieren gehen · baden · lesen · den Tag reflektieren · Dankbarkeitstagebuch schreiben · Minimalismus-Tagebuch führen · Kerzen anzünden · Kleidung für den nächsten Tag rauslegen · fünf Minuten die Wohnung aufräumen · Träume visualisieren · vorlesen · Massage · Stretching · früh schlafen gehen · meditieren · den nächsten Tag grob planen · Tee trinken · singen · Autogenes Training · einen Podcast hören · „Ich liebe dich" sagen

MEHR

LIEBE

Was nützt die Liebe in Gedanken? Es ist überhaupt nicht schnulzig oder kitschig, deinen Herzensmenschen zu sagen, was du für sie empfindest. Ruf an, schreib einen Brief, sing einen Song, back einen Kuchen, male ein Bild oder sag es ihnen einfach ganz direkt – von Herz zu Herz.

Notiere dir hier, wem du unbedingt sagen möchtest, was er/sie dir bedeutet:

WEM:

WAS:

WIE:

WANN:

GETRAUT:

MEHR
SELBSTLIEBE

Die gute Nachricht: Du musst gar nichts tun, dich nicht anstrengen, verbiegen oder irgendetwas darstellen. Beim Durchlaufen des Minimalismus-Prozesses hast du nun erlebt, dass du nicht viel brauchst, um glücklich zu sein – schon gar keine überflüssigen Gegenstände und Produkte. Du bist genug. So wie du bist.

Schenke dir eine große Portion Selbstliebe und schreibe auf, was du an dir magst und worauf du stolz bist. Du bist ein Geschenk für die Welt.

Der schönste und ehrlichste Liebesbrief an mich selbst:

Notizen

Ideen

LINA JACHMANN

Lina Jachmann ist Autorin und Kreativdirektorin. Die gebürtige Hamburgerin lebt und arbeitet in Berlin und beschäftigt sich seit vielen Jahren mit den Themen Lifestyle und Zeitgeist. Ihr Interesse gilt besonders dem nachhaltigen Minimalismus. In ihrem Erfolgsbuch „Einfach leben" hat sie einen minimalistischen Lebensstil vorgestellt, von dem alle profitieren: der Einzelne, die Mitmenschen und die Umwelt.

Mit „Einfach leben – Der Praxis-Coach" nimmt die Autorin die Leser*innen nun an die Hand und begleitet sie ein ganzes Jahr lang auf ihrer eigenen, ganz persönlichen Reise zum Minimalismus.